CELESTIAL HEALING
by Virginia Aronson.
First published in the United States under the title
CELESTIAL HEALING by Virginia Aronson.

Published by arrangement with NAL Signet,
a member of Penguin Putnam Inc.
through Tuttle-Mori Agency, Inc., Tokyo.

監修者の言葉

宇宙からの接触による人体への影響

韮澤潤一郎（ＵＦＯ研究家）

ロシアのソユーズＵＦＯセンター副所長だったウラジミール・アザサ博士とホテルで歓談したのはテレビ出演の後だった。広いロシア全土一六八か所にある支部から集まる何千件ものＵＦＯ事件レポートの分析結果を聞かせてもらったりしているうち、博士自身のＵＦＯ遭遇体験に話が及んだ。

海軍に所属し、潜水艦で日本海の海底を航行していたとき、長時間にわたってＵＦＯを追跡したことがあったという。いわゆるＵＳＯ（未確認潜水物体）である。もちろんそれは大きさや速度の上から地球上のものとは考えられなかった。

だがその次に出てきた話に私は驚いた。

博士の寝室に、何度か宇宙人が現れたことがあるというのだ。しかもそれがあのグレイタイプの小柄の宇宙人らしい。博士自身少し恥ずかしそうにしているところを見ると、あまり人に話したことがないように見受けられた。唯物主義の国のれっきとした科学者なのだから、私もまさかそんな体験が出てくるとは思わなかった。しかしそれはどうみても嘘偽りのない事実なのだろう。ETは壁を素通りして出入りしていたという。

UFO研究の基本として、私は「物体としての宇宙船」「肉体をもった宇宙人」を前提としていた。しかし、このグレイ系まがいの宇宙人たちが引き起こすアブダクション（誘拐）的な事件が、海外だけでなく、日本国内でもあまりにも多くて、私自身閉口していたことは確かなのだ。

私があるとき知り合った精神科のお医者さんは、以前非常に頻繁にそうした宇宙人と遭遇し、日本国内の彼らの基地にまで行ったことがあった。しかしそれは寝室で隣に奥さんが寝ている間の体験だったのだ。いったいどういうことなのか、その事実を解明するために彼は精神医療の道を進んで医者になった人だった。それでも彼自身の体験は人生の難題として残されたままである。

私はこういう事件については、否定も肯定もできない。いやむしろ否定的なあの大槻教授のような立場をとりたくなるのだ。証拠もないし、同時目撃者もいないからだ。

しかし、あまりにもこの類の事件が多く、さまざまな人から手紙や電話をもらい、あるときはテレビや雑誌に頼まれて取材することもあった。またなかには生活に支障をきたし悩んでいる人もいた。本人自身信じきれなくても、自分の体験を疑うわけにはいかないでいるのだ。

そうしたときに本書に出会い、その解明の糸口がこの本の中にあるような気がしたのである。

それは、宇宙人が使っているコミュニケーションや通信手段、あるいは宇宙航行のテクノロジーである。

当然それらは、われわれがまだ見出していない科学技術である。太陽系や銀河の大きさを考えれば、光や電波の速さを超えるスピードでなければならない。その条件を満たす要素を持っているのがテレパシーである。

しかもこの透視とか千里眼といわれてきた現象は、アメリカやロシアが冷戦時代から研究し、最近ではリモート・ビューイングと言う呼び名で、軍事的諜報活動や犯罪捜査などに実用化されてきているものである。その手法はまさに科学的であり、効果は時空を超えたコミュニケーションである。そしてこの作用には当然、念動力が関与してくるし、〝気〟に作用して人体の細胞にも影響を及ぼすはずである。そのメカニズムに関しては、われわれはまだ未解明であるけれども、進化した宇宙の知的生命体たちが、あたりまえのように縦横無尽に使っていることは十分に考えられるのである。

惑星は一つではない。宇宙には何千何万という惑星があり、そこから派遣されているミッションが地球に数多く流れ込んできているということは大いに考えられる。

軍事筋情報によれば、NATOや米軍情報機関では「複数のET種が地球に来ている」ことを認めているという。アメリカの場合、そのことが士官学校の教科書にさえ出ているのだ。

もちろん地球も無数の惑星の一つである。さまざまな人間が住み、いろんなことをやっている。同じように宇宙の中にはさまざまな知的生命体が、いろんな動機で生きているに違いない。たとえ高度に進化したテクノロジーを持っていたとしても、悪意を持って侵略するような種類のETがいないとも限らない。

しかし進化した秩序ということを考えた場合、その世界は戦乱の中にあるというより、むしろ桃源郷といえるであろう。地球が苦難の中にあるのを見れば、それを何とかしたいというのが自然ではないだろうか。

ただその場合、江戸時代の人間を黙って現代の病院に連れてきて、ベッドに押さえつけて胃カメラを飲ませたとすれば、それは医療行為だと理解させるのは難しいだろう。誘拐されて殺されそうになったとしか思わないかもしれないのだ。

最近のETとのコンタクトにはそれ以上の文明のギャップが考えられ、人種と言葉がさらに異なるであろうことを思えば、さまざまな視点の体験が出てきて当然であろう。


こうしたアブダクションケースは、ここに二十年ほどの間に急激に増え、億のオーダーになっているともいわれる。おそらく読者の周りにもこのたぐいの体験を持つ人が必ずいるに違いない。ところがこれまではそうした体験は胡散《うさん》臭いイメージが先にたち、精神的におかしいのではないかくらいにしか思われていなかった。だから本人も家族も人に話すことができないでいることがほとんどである。

しかし本書によって明らかにされているように、視点を少し変えて、高度なテクノロジーによって、宇宙の異人種が接触してきていると考えることによって、思わぬプレゼントを受け取ることもできるかもしれないのだ。

確かにこれらの体験の内容は、特に精神的に未知の部分が多く、現代の地球の唯物科学からはタブー視されているテーマを含んでいるので、そうスムーズにはいかないかもしれないけれど、精神異常という檻に入れて始末するだけに終わらないようにしたいものである。

おそらくは人類が置き忘れたもの、あるいは精神的進化の上で未来を展望させてくれるものがこの中から発見されるかもしれないからである。


最近まで続いた『これマジ?!』というテレビ番組で、サイやライオン、ヒツジや牛の大群を、離れたところから手をかざし振ることで、みんな眠らせてしまう「気療師」として注目を浴びた、神沢瑞至氏と『気療』という本の増刷出版について打ち合わせするために一緒に食事をしていた時のことである。私が今回の『ETに癒された人たち』の内容についてちょっと説明したら、

「実は私もUFOに遭遇したことがあるんですよ……その光を見てからですよ。こんな力が出るようになったのは……」と、意外な話が出てきたのである。

氏はそれまで精神世界などとはまったく関係のない仕事をしていたが、ある夏の夜トイレに立って、窓から赤城山を見ていると、途方もない大きさのUFOが出現し、それが発する光に目がくらんでしまったという。その後も寝ていて、大音響にたたき起こされたりし、その体験以来不思議な力を授かり、人々に施さざるを得ないような衝動に促されて、現在のような気療師の仕事をさせられるようになったというのである。UFO遭遇以外のいきさつは『気療』(たま出版刊)

という本に詳しく出ているので、私も知っていたが、その発端にUFOがかかわっていたというのは、新たなる発見であった。

やはり神沢氏も、UFOとの遭遇についてはあまり人に話したことがなかったようである。話してても理解してもらえないと思ったからであろう。だが記憶のどこかに、その夏の夜にETと接触していたことがしまい込まれているに違いない。

UFOやETなどというと物笑いの種になるという気風は、長年当局が隠蔽のために培ってきた結果できているということに大衆は気づいていない。それは現在の地球人類に突きつけられた新しい進化の兆しなのである。科学も社会秩序もこの問題を取り扱いかねているために、笑ってごまかしているだけである。

想像以上に多くの人が、この現象の影響を受けているのである。ややもすると間違った判断や危険性さえあるかもしれないが、未知の地平線にチャレンジしようという活動が始まっている。巻末の参考資料で更なる探求をする人々が出てくることを希望してやまない。

目次

編集協力＝津賀由紀子

謝辞

本書の執筆中にいただいた様々な人々の御厚意、そして寛大さに謝意を表したい。まず、プレストン・デネットに。才気あふれるUFO研究家である彼は、私が体験者やヒーラーと連絡を取れるよう力を尽くしてくれた。次に、退行療法家であるバーバラ・ラムに。彼女は寛大にも、体験者に関する長年の研究成果を提供してくれた。それから、デイビッド・ミラーに。ETおよび霊的エネルギーに関するチャネラーである彼は、青い光を送って私をサポートしてくれた。

MUFON（相互UFOネットワーク）・誘拐事件記録プロジェクトのチーフであるダン・ライトに。彼は、「UFOやETによる誘拐の多くは、〝ヒーリング〟ではなく、痛ましいトラウマをもたらす」という彼自身の見解に反する私の仕事を、得がたい友情によりサポートしてくれた。バッド・ホプキンズに。彼は多くの適切な助言によって私を支えてくれた。PEER（「異常体験調査研究計画」）のジョン・マック医学博士と専務理事であるカレン・J・ビサロフスキーに。彼らは多くの患者を紹介してくれた。リーオウ・スプリンクル博士に。彼は英知に満ちた言葉と温かい応援で私を支えてくれた。ジーン・マンディ博士に。彼女は素敵なUFO漫画のコレクションで、とっておきのユーモアを分け与えてくれた。同じくヘレン・バースティン医学博士に。彼女は、〈天界からの癒し〉の具体的事例について、医学的有効性を調査してくれた。そして、ロバート・ウィリックス医学博士に。彼は文字通り、私の首を治してくれた。

このほか、私を励まし支援してくれた、UFO研究家および専門療法士の方々に多謝したい。フィル・イムブログノウとマリアンヌ・ホリガン、「UFO研究協会」会長であるリチャード・ホール、ケネス・リング博士、エディス・フィオーリ博士、ジョウ・ルイルズ博士、グレイ・ウッドマン医学博士、ブルース・フォックス博士、アフラダイティ・クラマー博士、公認臨床催眠療法士のバージニア・ベネット、スコット・マンデルカー博士、「ミード催眠研究所」のジェイムズ・A・ミード医師、公認催眠療法士で准看護師でもあるジャッキー・サッチェル、ジョウ・ナイマン、ジャーナリストで「地球通信」のボブ・プラット、出版社「コンタクト・フォーラム」のブライアン・クリッシー、そして「MUFONジャーナル」の元編集者デニス・ステイシーの各氏に。

とりわけ、貴重な体験談を語ってくれた本書の登場人物である皆さんには、深謝したい。他人に嘲笑される危険もいとわず、〝真実〟を語ってくれた誠実な皆さんから、私は医学知識や個人的洞察のみならず、大いなる勇気を分け与えられた。

一九九七年の九月、突然この世を去った私の代理人、コニー・クローサンは本書の内容を絶賛してくれた。彼女の熱心な後押しがなかったら、このプロジェクトは始まってもいなかっただろう。「コニー・クローサン組合」のメアリー・ターハンとステッドマン・メイズが、この原稿をダットン社のダニエル・ペレズに届けてくれたことにも、深く感謝する。心が広く有能な彼女は、この論議を呼ぶであろう本の重要性と可能性をすばやく見抜いてくれた。そして本書の編集者、セシリア・マルカム・オーの、本質を突く助言と支援に対して永遠に変わることのない感謝の意を表する。

ジュディ・フェロウは、ずば抜けたワープロ入力作業に加え、多くの助言と熱意を与えてくれた。彼女がインターネットで体験者を調べ出してくれたことは、職務をはるかに超えた私への贈り物だった。

物書き仲間で、本を売るという険しい坂を登っているカレン・ネイル。彼女は絶えず「すべてうまくいくわ」と元気づけてくれた。彼女は正しかった。苦しい岩山で私の自信がゆらいだとき、彼女の確信が私の背中を後押ししてくれた。

ジュディ・オブライエン博士は、私に意識の境界を広げるよう励ましてくれた。彼女が蒔いてくれた種は、今も私のなかで成長し続けている。

最後に、本書の完成まで、いつもそばにいて全面的に私を支えてくれた最愛の家族に。発作的に襲う悪夢や夜中の気味の悪い出来事、未知の世界を共有してくれる家族がいなければ、私はこんな冒険に旅立つことはできなかっただろう。

「生命を科学的に分析し、すべての因果関係を解明しようとすればするほど、我々は恐れ、とまどうようになる」

――フレッド・アラン・ウルフ博士

「甲状腺に小さなガンができていますね」

腫瘍専門外科医の奇妙な言い方に、私の心は大きく揺れた。小さなガンですって？　それで私の恐怖心を和らげているつもり？　即座に私を殺せる大きさではないにしろ、ガンが私の喉《のど》もとに喰らいついているのは事実なんでしょう？

医師が電話の向こうで、これから必要となる手術や医学的検査、薬など――絶対に避けたいすべてのこと！――についてだらだら話している間、私の心は千々に乱れていた。もう何年も、アスピリンにすら手を伸ばしたことがなかったというのに！

ハーバードで医師をしている親友は、長い間、私の首と乳房にある二つの小さなしこりのことを心配していた。その彼女に二年間にわたって懇願され、しぶしぶ生検（訳注＝生体の組織や臓器の一部を採取して行う、病理組織学的な検査）を受けた結果がこれだった。

妊娠してから現れたしこりだから、私は単にホルモンの変化のせいだろうと思っていた。私は今まで通り、健康な人間のはずだった。それなのに、なぜ？

以前、「ハーバード公衆衛生学院」に勤めていた頃は、私も現在の医療システムの支持者だった。だからそこで教えられた〝健康的なライフスタイル〟についての情報を、本や教科書にまとめ、新聞コラム、雑誌記事として寄稿していたのだ。

しかし退職すると、私の医療に対する考えは少しずつ変わっていった。四つの基礎食物群の必要性を叩き込まれ、栄養指導員として伝統的訓練を受けたにもかかわらず、気がつくと私は肉を避け、健康食品店で有機農産物を買い、ハーブティーを飲むような食生活を送っていた。

妊娠八か月目に入ると、私たち夫婦はかかっていた産科医のもとを去り、我が家の居間でお産のときを迎えた。そして、くつろいだ雰囲気のなかで、お産婆さんに男の赤ちゃんを取り上げてもらったのだった。

その頃の私は、こういうライフスタイルがそれほど珍しくないことに気づいていた。とりわけ、私と同じベビーブーム世代、高齢者、ものわかりのいい二十代に、似通った考え方をする人が多かった。

私たちが、特に急進的というわけでもないだろう。ただ、幻想から覚める時期に来ていたんだと思う。現在の医療システムは、期待するほど、私たちの健康を保証してくれるわけではない。健康でいたいと思ったら、自分で自分のからだに責任をもたなくては。健康とは、いつだって自分自身で守るべきものなのだ。


「……乳房のしこりは良性でしたが、首のほうが悪性だったんですね」

そんな生検の結果を医師から聞かされながら、私は〝自力で治そう〟と思い直していた。

それにしても「悪性」とは、なんて嫌な言葉だろう。私は激しい自責の念に圧倒されそうだった。健康が自らの責任において守るものである以上、このおぞましいガンをつくってしまったのは私、ということになる。私の中に、早死にしたいという無意識の願望があったのだろうか。私は自分に対して、そんなにも「悪性」の思いを抱いていたのだろうか。

医者の秘書がスケジュールを調べて、私の地元である南フロリダのガンセンターに予約を入れていた。

私はそのやりとりが終わるのを待ちながら、生検の日に診療所で出会った、不思議な女性のことを思い出していた。その見知らぬ中年女性は、独特のしわがれ声で、いきなり私にこう告げたのだ。

「あなたは健康そのものよ」

まるで私が彼女の診断を求めに来たかのように、私のことを私自身よりもよくわかっているように、彼女は話した。

「彼らはあなたを恐怖でいっぱいにするでしょうね。それが仕事だから、仕方ないわ。でも、彼らの言うことに耳を傾けてはだめ。あなたの現実を創り出すのは、あなた自身しかいないんだから。第一、あなたは健康なのよ」

そのときは、さっぱりわからなかった。このおせっかいな女性は誰なのか、そもそも彼女は正気なのかどうかも。それでも、私は彼女の言葉に安らぎを覚えた。おそらく、生検を受けた直後で、心が凍てつき震えていたせいだろう。

医者は、それほど心配している様子ではなかった。しかし、検査にまつわるわずらわしい手続き、冷たい鋼鉄製の手術台、震える私のからだにメスを入れながら税金の話をしている医師たちの冷淡さ……。そのすべてに私はうんざりしていた。心が凍てつきそうなこのビルから、一刻も早く外へ出たい。熱帯特有の湿り気を帯びた空気に、温かく抱擁してもらいたい――。そんな気持ちで診療所を出た私は、そこで彼女と出会ったのだ。

そのナンシーと名乗る白衣を着た女性は、プラスチック製のベンチで一人、タバコを吸っていた。タバコの吸い殻を地面に投げ捨てると、日焼けした手首に付けたブレスレット——十二個ものリングの束——が、ジャラジャラと音を立てた。

なぜ彼女はガンセンターに勤めながら平気でニコチンを摂っているのか、私には疑問だった。でも後になって、わかった。ナンシーは彼女の雇い主、現在の医療システム側の住人が教えていることを、ほとんど信じていなかったのだ。

それどころかナンシーは、この世界で真実だとされていることについても、大半は信じていなかった。自分が地球人であることすら信じていないのだから、それも当たり前だろう。ナンシーによれば、彼女は別の惑星、ある癒しの惑星から地球に来ているそうだ。ナンシーだけではない。その惑星からは特定の種族の人々が地球にやってきて、私たちの癒しをサポートしているという。何のために？　私たち地球人が自己破壊を止め、私たち自身を救うことができるように——。

悪い冗談だと、あなたは思うだろうか？　ばかばかしい、誇大妄想狂の話かと。確かに、私は非常に有能な腫瘍専門外科医から、次のような治療計画を伝えられている〝ガン患者〟だった。

○手術——甲状腺全体の摘出。
○ホルモン補充——合成甲状腺ホルモンの生涯にわたる摂取。
○放射性色素の投与——手術後、循環している甲状腺細胞を破壊するために投与。
○胸部レントゲン検査と全身スキャン——定期的に。

○健康診断――週一回、経過が良ければ年二回。

これだけの方法をもってして「甲状腺乳頭状ガン」と闘うべき立場の人間が、白衣を着たエイリアン気取りの狂人が言うことに普通、耳を貸さないのは私にもよくわかる。

しかし、私は結局、医者が勧めた一連の攻撃的な療法も検査も受けなかった。私は健康を取り戻すために全く異なる道を選び、そのプロセスで〈天界からの《セレスティアル》ヒーリング〉（原注＝地球外の、異次元の、神秘的かつ霊的な存在から、という幅広いニュアンスをこめて、本書では「天界からの」という表現を使うことにした）を体験することになったのだ。

私自身の特異な治癒の体験については、十七章を読んでいただきたい。この治癒のプロセスにおいて、ナンシーは私を「別の世界」へ導く案内役になってくれた。そして私は、別世界の存在を確信する、多くの人々と出会うことになる。ナンシーは、最初の一人にすぎなかったのだ。

こうした人々の中には、別世界の存在と実際にコンタクトした人もいれば、ナンシーのように〝別世界の出身者〟＝スターシーズ（星の子孫たち）を名乗る人もいる。スターシーズとは、地球に生まれる前に別の惑星で生きた記憶をもつ人々のことだ。

あるとき突然、自分がスターシーズであることを思い出す場合もあれば、少しずつ自分の真実の姿に気づく場合もあるらしいが、彼らの多くは、この地球上で果たすべき「使命」があると感じている。典型的には、それが他者への奉仕なのだそうだ。

ナンシーと初めて出会った頃、私は〈スターシーズ〉という言葉すら知らなかった。それでも本能的に、しわがれ声で温かく笑う、この風変わりな女性を信頼できると感じた。ナンシーはタバコの吸いさしをネイビーブルーの木靴の踵《かかと》で消し、ブレスレットをジャラジャラ鳴らせて「さよなら」と手を振り、診療所のドアの向こうに姿を消した。

そして私は現代医療ではなく、「自分の未来は自分の手でつかむものであって、医者が与えてくれるものではない」と言ったナンシーのほうを信じようと決めたのだ。

こうして私は別世界の道を選ぶという危険を、あえて冒した。医者である親友は、私の気が狂ったと思ったようだ。しかし、私はこう考えていた。医者は神ではない。彼らには肉体の治療はできるだろうが、魂を癒すのは自分自身の務めだろう。そこにガンがあるのなら、それは私の魂の叫びであり、新たな生き方に向かうため、私自身の注意を引こうとして生じたものなのだ。

当時、私は怒りや不安といった、危険な兆候のすべてを無視していた。ほぼ二十年ぶりに、私は書くことをやめていた。そして求めに応じて、絶え間なく息子に母乳を与えていた。いつも母乳と息子のことで、頭がいっぱいの状態だったのだ。

彼が腹痛を起こしたのは、私が何かよくないものを食べたせいだろうか？　母乳は足りているだろうか？　彼のこの様子は病気だろうか？　睡眠は充分だろうか？……細かいことに気をとられるうちに、私は自分の人生における霊的な側面や、自分と息子の魂が果たす役割のことをすっかり忘れてしまっていた。日々が閉じ込められたように息苦しく、悲鳴をあげたくなるくらいだった。自分が穏やかな、母なる大地のような母性的タイプではないことに憂鬱が募ったが、そんな感情のすべてを無視しようとしていた。

しかし、そんな私でも、さすがにガンの診断は無視できなかった。私は突然、人生を真剣に見つめ直すべく、自らの存在に対する究極の問いかけに迫られたのだ。それはこんな問いかけだった。私はここで何をしているのだろう？　私の人生の目的は何なのか？　何か別の生き方があるのだろうか？　私には生きるべき霊的な道があるのか？　だとしたら、それはどうすれば見つかるのだろう？

かくして、私は行動を始めた。霊的な側面から治療に取り組んでいる、なじみのカウンセラーに会いに出かけた。型破りなやり方で健康を維持している様々な人たちと連絡を取り合い、栄養学者やハーブ療法家と話した。ハーバードの医者である親友の同僚たちからも、様々な意見を聞かせてもらった。

もちろん、ガン診断に関する最新の医学研究、甲状腺ガンの治療法に関する、すべての研究論文も読みあさった。

こうして私は情報を得ながら、自分に病気を引き起こす要因がたくさんあることに気づいていった。もしこのような心理的・霊的要因を無視したまま、ただ甲状腺を切除して済ませようとしていたら、ガンの再発、もしくは違う病気の発症に見舞われるまでにどれぐらい時間を要しただろう？　おそらく、それほど長い時間は与えられなかったのではないか。そしてただガンや死を恐れ、恐怖という催眠術に支配されながら、現代医療に身を任せることになっていただろう。

私は、四十一歳でガンの診断を受けるという不快な「偶然の一致」にも気づいていた。私の母も、同じ四十一歳で末期ガンの宣告を受けていたのだ。この問題については、なじみのセラピストが、私自身の人生を母の人生から切り離す手助けをしてくれた。次に、型破りな方法で健康に取り組む人々のネットワークは、従来の療法のように健康な組織を破壊することのないガン治療について、数々の情報を提供してくれた。

また最新の医学研究と研究論文を読みあさることで、私は自分の甲状腺ガンの生理学的原因についても、かなり理解を深めていった。そのときにはもう、自分がガンになったという事実を受け入れていたと思う。私は、自己憐憫や恐怖で心を麻痺させることなく、その事実とともに生きられるようになっていたのだ。

同時に私は、かなり早い段階でナンシーを通じ、最初の〈天界からのヒーリング〉も体験している（これらヒーリングセッションの詳細は十七章に）。この短時間で痛みのない、〈天界からのヒーリング〉を受けてから、私は改めて診断を受けるために、ある医者を訪れた。

この医者は、私が様々な情報のなかで知った、型破りな治療を行う元心循環器専門医だった。彼は南フロリダで最も忙しい医学博士の一人だったが、むしろ心理療法医のような態度で私に接した。

ウェイトリフティング選手のような頑丈な体格で、あご髭を生やした彼は、徹底的な検査の後、私のために「処方箋」のリストを書いてくれた。その「処方箋」は、自己管理療法とでもいうべきもので、そこには日々の瞑想、神もしくは善なる「宇宙の力」に対して行う祈り、数種類のハーブ料理とビタミン補給剤などの指示が書かれていた。

私はその医者と、仕事や家庭の状況についても話し合った。それから彼は、長々と個人的な忠告もしてくれた。それは一言でいうと、「生き方を根本的に変えよ」、そして「好きなことをやれ」ということに尽きる。

「甲状腺の問題に対しては、何をすればいいんでしょう?」

そう私が尋ねると、医者はクールな青い目で私を見つめて言った。

「あなたの甲状腺に悪いところは何もないよ」

この驚くべき診断は、ナンシーが予言した通りのものだった。彼女は、〈天界からのヒーリング〉を受けた私に、こう言っていたのだ。

「医者があなたの甲状腺を検査したら、悪いところはないと言うはずよ」

このとき私は、自分が正しい道、私にとって最良の癒しの道を歩んでいることを確信したのだった。

それから私は医者の処方箋に従って「超越瞑想」(TM)を修得し、一日に二回の瞑想を習慣にした。そして日々祈り、息子には食事の前に行う、特別な祈りの言葉を教えた。特製のハーブティーを飲み、黒いピーナツバターに似たハーブ果汁や、指定されたビタミンを摂取した。

二歳の誕生日が近づいていた息子に母乳を与えることを止め、自宅を改装して自分用の仕事場を作り、執筆を再開した。毎日のように散歩に出かけ、この世のものとは思えないほど美しい青空を楽しみ、熱帯フロリダの瑞々《みずみず》しい緑に驚嘆した。いつしか私は今までよりはるかによく笑うようになり、ほとんどクヨクヨしなくなっていた。

　私は、二十五年以上にわたって直面することを避けてきた、母に関するトラウマ（心理的外傷）を見つめ直すこともした。その結果、少なくとも幼くして母親を喪失した事実を受け入れることはできた。長い間、向き合うことを用心深く避けてきた問題だったが、このような子ども時代からの古いトラウマに取り組まない限り、人はその破壊的影響から逃れられないことを、私は悟ったのだ。

　その後も私は型破りな医学博士のもとに通い、定期的に診断を仰いでいる。診断結果は、一貫して良好だ。

　私はガンから解放された自分を、本当に幸運だと思っている。それは単に健康を取り戻したからではなく、人生を変えることができたからだ。もはや内なる心の声、魂の叫びを無視することはないだろう。私は、目を見開いて生きることを選んだのだ。

　自らの目を曇らせる恐怖の数々を取り除き、様々な日常的な執着を超えて眺めようとして初めて、見えてくる世界がある。私はやっと、どれだけ多くの「見る」べきことがこの世界に存在しているのか、理解したのだと思う。

　ナンシーと出会い、自分がETとコンタクトする可能性を受け入れて以来、私の人生にはたくさんの不思議なことが起こった。しかし、私は自分でそうありたいと思うほど、勇敢ではなかったことを告白しておこう。それどころか、恐ろしくてたまらないと感じることも、少なくなかった。何しろ、毎晩のようにブンブンうなる、説明不可能な大音量が聞こえたり、光源もないのに目が眩むほどの白光が見えたりする時期があったのだから。

私はまた、信じられないほど鮮明な夢のなかで、何度か奇妙な存在とも出会っている。以前の私なら、ヘンな夢を見たとしか思わなかったろうが。

これらの体験は、いずれも私がガンの診断を受け、ショックで正気を失った結果なのだろうか？ すべては想像力の産物で、恐ろしいガンを否定するために私がつくった妄想にすぎないのだろうか？ そうかもしれない。

しかし、このような不思議な癒しの道を歩き始めたのは、私一人ではない。私は健康を取り戻すために意識の変容に至る道を歩きながら、たくさんの同行者に出会った。実際、世界中で多くの人々が、これまで知らなかった別世界への旅を始めている。そして、それぞれの新しい癒しの道を見出しつつあるのだ。

もちろん私にしたって、ETたちの手に無邪気に自分を委ねたわけではない。私はほかの事柄と同様にUFO（未確認飛行物体）やET、〈天界からのヒーリング〉についても情報を収集し、丹念に調査した。以前は全く関心のなかった分野なので、無知ながらもオープンな心で調査を始めたというわけだ。

私は『Xファイル』を見たこともなければ、『スター・トレック』のファンでもなかった。SF小説はわずかな古典的作品を除いて読むこともなく、UFOを扱った人気テレビ番組『目撃《サイティングス》』は、その存在すら知らなかった。大当たりした映画『インディペンデンス・デイ』も観ていない。本当に関心がなかったのだ。

しかし、UFOに関する科学的文献に触れ、ETや天界の存在たちとのコンタクト体験をまとめた報告書を読むうちに、何かが起こりつつあると確信するようになった。どう考えても正気の、それどころか聡明で立派な人々がUFOを目撃し、明らかにどこか別の世界からきた存在たちとの交流体験を報告している。その事例がまた、実に豊富なのだ。

ETとのコンタクトによってもたらされた、切り傷からガンのような深刻な病に至る症状の消失、ヒーリング体験を報告している人々も多い（具体的な事例については、十六章で簡単に紹介した）。

こうしたヒーリング事例に、私は特に好奇心をそそられた。この人たちはみんな、心がくじけ、正気を失った人々なのだろうか？

それを確認するためには、彼らに会って直接話を聞くのが一番いい。そう考えた私は、インタビューに協力してくれる人を探すことに決めた。一九九七年の秋のことだ。

驚いたことに、彼らを見つけ出すのは思ったよりも簡単だった。主に口コミで、私は短期間のうちに十数人の人々と会うことができたのだ。

聞いてみると、彼らの多くはこのヒーリング体験の後、自分自身もヒーラーになっていた。そのヒーリング能力は、コンタクトに由来するらしい（詳細は第一部に）。

私はまた、特異なヒーリング技術をもつ人々にも会った。彼らは〈ETのヒーリングエネルギー〉と呼ぶものを使って仕事していた（詳細は第二部に）。

このほか、別の惑星、別の銀河系、別の次元の存在とコンタクトし、様々な病気を癒してもらったと信じている人々を対象にしたUFO研究家や、専門療法士にも話を聞いた(詳細は十四章と十五章に)。彼ら専門家もまた、何かが起こりつつあることを確信している。実際、何百万ものアメリカ人がETとのコンタクトを体験していて、それらの事例には多くの共通項があるのだ。しかもこのETとのコンタクト現象は世界的規模で起きており、アメリカだけでなく、世界中の人々がETによるヒーリング体験を報告している。

何かが起こりつつあることは間違いない。しかし、その「何か」とは何なのか、正確に答えられる人はいない。コンタクトを体験した人々でさえ、ほんの一部しかわからないと主張しているのだ。

もちろん私にもわからないが、本書を執筆するための調査を重ねながら、一つだけはっきりしたことがある。それは、私が出会ったETによるヒーリングの体験者たちは一人残らず、恐怖というものから解放されていた、ということだ。

私自身もいつしか、未知なるもの、自分の将来や世界の運命について恐れ、心配することを止めていた。……これ以上に大切な、彼らから受け取るべきギフトがあるだろうか。

〈天界からのヒーリング〉現象はもしかすると、私たちの霊的な実体について、宇宙における私たちの役割について、大切なことを教えようとしているのかもしれない。私たちは、自分たちについて、世界について、あまりに無知であることを認める必要があるのだろう。

私たちは、自然がどのように働くのか、本当にわかっているわけではない。わかっている領域は未解明の領域に比べて、ごくわずかな一部分にすぎない。自分たちの睡眠と覚醒、発病と癒しのメカニズムすら、まだ充分に理解できてないのだ。

私たちは科学を崇拝する非宗教的な社会に生きていて、自己治癒力については軽視もしくは無視するといった否定的な態度をとっている。自らの内面が左右する回復能力を知らないために、それを発動しようとする代わりに、薬局や健康食品店の棚で見つけられるような、何千もの細かい「様々な治療法」に目を向けているのだ。

本書で紹介する〈天界からのヒーリング〉の事例は、すべての現代医療に疑問を投げかけている。癒しを本当にもたらすものは何なのか、という疑問を。〈天界からのヒーリング〉現象を、狭量で常識的な判断ではね退けるのは簡単だろう。なじみのある狭い常識のなかにいたほうが安心だということも、よくわかる。

しかし私たちは、生命というものが人間のこれまでの理解をはるかに上まわっているという事実を、受け入れるべきなのではないか。心を広げ、より壮大で宇宙的な世界観を受け入れさえすれば、霊的存在としての成長を抑え、完全な認識を妨げている〝恐怖〟という牢獄から、私たち自身を解放することができるのだから。

すべての調査を終えた今、私は〈天界からのヒーリング〉現象を、心身相関的なプロセスによってもたらされた自然治癒の一例と考えている。ここで、「心身相関的」ということばは、自分自身の内なる心霊的な力を活用することで、肉体の機能あるいは統合性を変える過程という意味で使われている。

それが真実だと証明されようがされまいが、〈天界からのヒーリング〉が注目に値することは間違いない。真実ならば、その解明はとりわけ現代文明の科学と医学分野に莫大な影響を与え、世界を揺るがすものになるだろう。

また、たとえ真実でなかったとしても、つまり彼らが想像上の体験によって癒されたのであっても、その現象が注目すべきものであることには変わらない。だとしたらそれは、人間のもつセルフヒーリング能力の発現ということになるのだから。

数年間にわたって、私はETもしくは別世界の存在たちとコンタクトしたという、数多くの体験者に会い、話をしてきた。彼らは快くインタビューに応じ、本書への登場に同意してくれた。しかも配偶者や職場のプライバシーを別として、体験者の全員が実名での掲載を選択してくれたのだ。

私は本書によって、彼らの体験が事実だと「証明」したいわけではない。私はただ〈天界からのヒーリング〉を体験したという人々の報告を、情報として提供したいだけなのだ。結論は、読者の皆さんがそれぞれ考えてくだされればいいと思っている。

こうした事例は、これまで長年にわたって隠され、無視され、忘れられてきた。そこに目を向けていただくことが、私の個人的な希望である。確かに今までは、日の目を見ることがなかっただろう。しかし、今私たちは、もっと心をオープンにして、目を見開き、このことについて考えるべき時期に来ている。

至るところで、〈天界からのヒーリング〉を体験し、それについて話す人が増えている。本書を読んであなたは、「自分にも起こってほしい」と願っている自分に気づくかもしれない（それを起こすための指針は十八章に）。少なくとも、あなたにとって本書が少しでも「人生を変えてみよう」と思うきっかけになれば幸いである。

第一部　ＥＴによるヒーリングを体験した人々

「昼間夢を見る者は、夜しか夢を見ない者が見過ごす多くのことに気づいている。そのぼやけたビジョンのなかに彼らは永遠を垣間見て身震いし、目覚めると、大いなる秘密の縁に立っていたことに気づくのだ」

――エドガー・アラン・ポー、『エリアノーラ』

第一章　窓から円盤が入ってきた

リン・プラスケット――ガン（リンパ芽球性リンパ腫）の治癒

リン・プラスケットは四十七歳の女性で、フロリダ州にある海辺の町、ニュースミルナビーチに在住している。彼女は天然資源の保護活動をはじめ、高齢者評議会、女性の地位委員会および「人間の住む家」など、地域社会で数々の奉仕活動を行ってきた。一九九四年にはボルシア郡の郡議会女性議員に選出され、ここ十年は近くのエッジウォーター市の地域開発機構で、常勤の副所長として働いている。

リンは詩や歌、脚本を出版してきた作家でもあり、現在は回想録を執筆中だという。熟練の架線作業員である夫、ビル、そして六人の子どもとともに暮らしている。

リンは、私が本書のために最初にインタビューした体験者だった。一九九七年のある週末、私は家族とともに、樹木に覆われた谷間にあるリンの丸太小屋スタイルの家を訪ねた。

私はET体験者と初めて会うことに緊張し、彼女はどういう人物なのだろうかと不安を覚えていた。一九九六年に郡議会議員の再選を目指して立候補していたとき、リンは全米放映のテレビ番組に出演して自らのUFO体験を語り、フロリダ州でかなり評判になったことがある。当時の私には関心がなかったが、彼女の勇気には感心したことを覚えている（彼女はこのときの選挙で落選した）。

しかし、リンが私たちを招き入れるために網戸を開けた瞬間、私の緊張や不安は消し飛んでいた。リンは見るからに温厚で活発そうな、感じのいい女性だった。彼女は私たちを居心地の良い室内に迎え、おしゃべりな子どもたちと、微笑んでいる夫、二匹の大きな犬に紹介してくれた。うっそうと茂った樫の木の下にある青いトランポリンで、私の息子と彼女の息子が遊んでいる間に、私はリンの話を聞いた。以下は、彼女が自ら語った体験談である。

＊　＊　＊

私は六人兄弟の長女で、母はたった一人で私たちを育てたの。暮らしはとても貧しかったけど、幸せだったから、自分たちが貧乏だなんて意識することもなかったわ。

最初の結婚でサンタバーバラに引っ越したけど、その結婚はうまくいかなかった。離婚して長男のクリフォードと二人になると、母と弟、妹たちがこっちに来てくれたの。それで妹のキャシーと私は、いっしょにアパートを借りたのね。キャシーは毎晩ドーナツショップで働いて、私は昼間、全日制の学校に通って機械工学を学んだ。妹は素晴らしい人間で、息子のクリフォードを本当に可愛がってくれた。私たちの暮らしはとてもうまくいっていたのよ。

私は二十五歳の誕生日を迎える一か月前の一九七五年五月に、避妊薬の処方箋の書き換えで診療所へ行った。それが、始まりだったの。私はそこ、カリフォルニア大学ロサンゼルス校医療センターにある予約不要の診療所で、年に一度パパニコロー検査（訳注＝子宮頸部からの剝離細胞染色による子宮ガン早期検査）を受けることにしていた。

そこはまるで動物園のように人があふれていて、すべてがベルトコンベアで大量に自動処理される工場みたいなところだった。いつもながら冷たくて暗い雰囲気の場所で、私の場合は検査が年に一回で済んでいることを、しみじみありがたいと思ったわ。

この検査を受けてすぐ、一枚のはがきが届いた。そこには「パパニコロー検査で良くない結果が出たから、担当医と連絡をとるように」とあったから、私は診療所に出向いて、子宮頸部の生検を受けたの。

担当医は、子宮頸部の円錐状の部分に「錐体《すいたい》生検」という処置を行い、うまくいけばガン化した部分を全部切除すると説明してくれた。「でも、万一ガンが子宮まで入り込んでいたら子宮摘出することになるだろう。覚悟しておいてほしい」と言われて、私は怖くてたまらなかった。

実際、結果は決定的なものだった。私は子宮頸ガンになっていたの。

「どうすればいいの？」

そんな気持ちでいっぱいだった。私はシングルマザーだったから、その時点では妊娠を望んでいなかったけど、まだ二十四歳だったから。とにかく絶望に打ちひしがれ、惨めな気持ちで帰宅したわ。

息子のクリフォードはほんの三歳の幼児だというのに、私はその子を妹のキャシーに頼んで、翌朝には入院しなくてはならなかった。入院すると、胸部レントゲン検査、血液検査、理学的検査、また別の理学的検査と、次から次へと検査が続いた。その翌日に、手術が行われる予定になっていたの。

でも、手術は延期になった。検査の後、医師団が病室にやって来て、そう告げたわ。

「最近、疲れを感じませんか？」

「いいえ、特に感じないけど」

そう私が答えると、彼らは顔を見合わせていた。次に、別の医師が尋ねた。

「あなたの首のしこりは、いつ頃からあるんですか？」

「しこりって？」

右の鎖骨の真上にある肥大したリンパ節に、私は気づいてなかった。それくらい目立たないものだったから。

「胸部レントゲン検査で異常が見つかったんです。だから、二日間あなたの手術を延期するつもりです。手術をする前に、ほかの部分が健康かどうか確かめなくてはなりませんから」

二日後、さらに子宮頸部の生検を行い、リンパ節の標本も採取した。そして私は六人部屋に移されたわ。

医師団が回診の間に立ち寄って、一人のインターンと、腫瘍専門主任研修医を紹介された。その研修医のほうが、こう言った。

「リン、良い知らせと悪い知らせがあります。どちらを先に聞きたい?」

「では、良い知らせのほうから」

「子宮摘出を行う必要はありません。ガン組織のすべてを生検で取り除くことができましたから」

私が泣きながらお礼を言うと、彼はこう付け加えたの。

「ただ、拡延《かくえん》性卵巣瘢痕《はんこん》組織のせいで、二度と子どもが産めなくなると手術医は言っています」

悪い知らせはそれだけじゃなかった。リンパ節生検で、ほかのガンもあることがわかったの。レントゲン写真で肺に悪性腫瘍が見つかり、様々なほかの検査で、腎臓、脾臓、肝臓、骨髄にもガンが見つかった。総合的に診断すると、私は「迂曲T細胞リンパ腫」*と呼ばれる珍しい形態のガンにかかっているということだった。

医師団によるとそれは典型的な小児ガンで、成人の体内で見たのは初めてだとか。成人の事例がニューヨーク小児病院にあったから、ニューヨークの医師たちに連絡をとって治療方針を検討したいと彼らは言ったわ。

＊原注＝リンパ芽球性リンパ腫、迂曲Tリンパ芽球性リンパ腫とも呼ばれ、リンパ腫の変種の一つでガンがリンパ系に浸潤している。多くの場合、年少者に発生し、平均余命は一年。ただし一九七五年当時と比べると現在は治療可能性が高まり、新しい治療によって、

この種のガンの予後（病気経過の予測）全般に改善が見られるようになった。

私は医師団に質問した。

「この病気には、どんな治療方法があるんですか？　そして治る見込みは？」

「包み隠さず正直に言うと、私たちは余命ほぼ三か月と診ています」

私のガンは非常に攻撃的なタイプで、すでに胃と脳を除く全身に浸潤しているというのが、その理由だった。

「ちょっと待って」

私は混乱して言った。

「私はただ避妊薬をもらうためにここに来たのに、あと三か月の命だって言うの？　誰かと間違っているんじゃないんですか？　私には何の症状もないし、疲れてもいない、気分が悪いわけでもないのに！　理解できない！　私にはとても理解できないわ！」

医師団は思いやりにあふれた態度で、同じ説明を繰り返した。彼らは、私のために治療方針を立て、命を少しでも長引かせるために何ができるか、誠意をもって調べると約束してくれた。

「なんてことなの！」

私が泣き始めると、研修医がベッドに腰掛けて、手を握ってくれた。彼の目にも涙が浮かんでいたわ。たぶん私みたいな若い患者に余命宣告するなんて、初めてだったんだと思う。彼はそこに残って、ずいぶん長い時間、私を慰めてくれた。それで私は彼に、頼んでみることにしたの。

「少しの時間でいいから家に戻らせて」

「リン、それは無理だ。君は病院にいなくちゃいけない。なにしろ君は大変な重病なんだから」

「でも、私には三歳の息子がいるの。その子のために色々と手配をしなくちゃならないし、片づけておくべきこともあるのよ。それに、一人になって思いっきり悲しむ必要だってある。この大部屋じゃ、それは無理。私には今、何よりもプライバシーが必要なのに」

それは、病院の規則に反することだった。

「それには病院の許可をとらなくちゃ。勝手に出て行ったりしたら、延命のチャンスはゼロになってしまう」

「お願い、たった一晩でいいから」

結局、私の懇願を聞き入れて、彼は病院の許可をとってくれた。ただ、翌朝早くには病院に戻らなければならなかった。そして私は午前七時、勤務交代時間の前には戻ってくることを約束して、病院を出たの。

途中で妹に電話したときには、錐体生検は「異常なし」で、家に戻るとだけ告げたわ。家で二人きりになってから、ゆっくり本当のことを話したかった。とにかく家に戻ってキャシーにすべてを打ち明け、それから先のことを考えるつもりだったの。

でも、家に戻るとキャシーもクリフォードもいなかった。私は意味もなく部屋のなかを行ったり来たり、歩き回った。本当に動転していたから。自分の姿と内面の感情を絵に描いたり、座って窓の外をじっと見つめたり……。ひどく混乱して、そして孤独だった。とうとう私は寝室で横になって、二人の帰りを待つことにしたの。

寝室は私と息子が使う二台のベッドと小さなテーブル、化粧台がやっと入る狭さで、六十センチ×一・二メートルの大きなスライド式ガラス窓は、開いたままの状態だった。

私はベッドにうつぶせて、激しく泣き始めたわ。うめき声も出したと思う。とにかく私の人生で、あの日の前にも後にも、あれほど激しく泣いたことはないでしょうね。悲しみは私の深いところ、魂の奥底から湧き上がってくるようだった。

最初のうち、私は自分のために泣いていた。こんなことになるなんて！　私が何をしたっていうの？　私は善良な人間なのに。こんなひどいことは、善良な心をもって正しいことをしようと努めている人間には起こっちゃいけないことよ！

自分のためにひとしきり泣くと、今度は息子のために泣いた。息子のいないベッドには、動物のぬいぐるみがきちんと並んでいた。あの子はどうなるの？　あの子はまだあんなに幼いのに。私が死んだら、あの子の記憶に残るのは、母親が彼をこの世に残して去ったということだけ。あの子には私しかいないのに！　あんまりだわ！

こうして二、三時間は泣いていたと思う。辺りは暗くなり、私は泣き疲れて、茫然としてベッドに横たわっていた。

そのとき、何か電気的な、ブーンブーンといった音がすることに気づいたの。それは、私の頭に近いほうの壁から聞こえてくるように思えた。小型発電機か、何かの機械音のように聞こえたから、隣で誰かが何かしているんだろうと思った。

そうこうするうちに、部屋の中に霧のような何かが立ち込めてきたの。「起き上がって窓を閉めなくちゃ」と思いながら、なかなか動く気になれなかった。私が「動く気になれないんじゃなく、動けないんだ」と気づいたのは、その霧が徐々に濃くなって白い雲みたいになったときだった。からだがしびれて、麻痺したように動かない。まるで時間が止まった感じだった。

自分に何が起こっているかはわからなかったけど、不思議と恐ろしさは感じなかった。恐怖は全くなくて、完全にリラックスしていたの。

すでに部屋全体が、この冷たくて白い霧に飲み込まれていたわ。天井のライトすら、見えなかった。次に、私のからだがベッドの上に浮かんでいることに気づいた。私は三十センチほど上の空中に浮揚していたの。

突然、何かが窓から入ってきた。それは円盤状の物体で、直径が約二十センチ、厚みが十センチくらいあって、上側がわずかに盛り上がっている。ちょうど厚ぼったいフリスビーのような感じだった。側面には窓のような小さな長方形の穴が並んでいて、黄色、赤、青、緑と、様々な色の光線を放っていた。その円盤は、反時計回りにゆっくりと回転しながら、私の頭の真上に浮いていた。

私はこの物体をまじまじと眺めていた。それは、しばらく静止した状態で、黄色、赤、青、緑と、柔らかな光を放っていた。かと思うと、ゆっくりと動き始めたわ。その円盤はまるで私の全身をスキャンするかのように頭から足の先まで移動し、足先まで来ると、今度は逆に頭の方向へと移動した。ていねいに調査するかのように、ゆっくりとしたスキャンを三回ほど繰り返したけど、私に直接触れることはしなかった。

理由はわからないけど、恐怖感や不安感はなく、関心すらなかった。ただただ、本当にリラックスできる感じだったの。

そして、円盤は入ってきたときと同じように、窓から出ていった。部屋のなかに立ち込めていた白い雲は消え、私はベッドの上にそっと降ろされた。ブーンブーンという音も消えていたわ。時間の感覚が完全になくなっていたから、何時間も経過していたのか、ほんの数秒のことだったのか、全然わからない。でも、〝安らぎのベール〟に包まれていたかのように、心が静まり、澄みきっていた。そんな感じがしたのね。そのまま、私は眠ってしまったの。なぜだか、すべてがうまくいくだろうという気がしたわ。

翌朝目が覚めると、私はバルコニーに出た。空は青く、今まで見たことのないような素晴らしい快晴だった。空気は爽やかで、花の香りが立ち込めていて……。自然の美しさに接して、謙虚な気持ちになっていた。それに、この上なく爽快な気分で、生き返ったように感じていたの。

母に電話して、キャシーとクリフォードが母の家にいることがわかったから、「病院に来て医師の説明を聞いて」とだけ頼んで、急いで病院に戻ったの。あの研修医に迷惑をかけたくなかったから。

回診で立ち寄った研修医には、こう言ったわ。

「ねぇ、私は死なないと思うの。わかる？　私はきっと、元気になるわよ」

彼は私をまじまじと見つめ、「オーケー。わかったよ、リン」と答えた。まるで「君がそう思えるなら、何だっていいさ」とでも言うように。

そのとき私は、前夜の出来事を忘れていたんだと思う。もし覚えていたら、そのことをきっと彼に話したと思うから。

医師団は、ニューヨーク小児病院から薬剤の投与計画を入手して、私にその化学療法を提案した。彼らが試そうとしている薬剤のなかには、試験的なものもあって、合併症が起こる可能性も予告された。

「これらの試験的な薬を全部受け入れたら、あとどのくらい生きられるようにしてくれるの？」

「ニューヨークで赤ん坊に行った化学療法の結果から考えると、あと一年は生きられると思いますよ」

たった一年？　それでも、私は何を失うことになるのかを考えた末、すべての薬剤の投与に同意したの。

あの不思議な夜から二日も経たないうちに、胸部の腫瘍は劇的に減少していた。でも、医師団はそれを私に知らせず、数日後には化学療法が始まった。私は彼らに処方された薬のせいで、死ぬほど具合が悪くなっていった。それはまるで、医師たちが私の許可を得て私を誘拐し、色々な実験を行っているみたいだった。ガンで具合が悪いと感じたことは一度もなかったのに。化学療

なぜUFOによるヒーリング体験が私に起こったのか？　それはわからない。でも、何らかの理由があるんだと思う。

それに一九七五年のあの晩以来、ほかにも様々なことが私に起こっているの。それをあの体験と結びつけて考えるようになったのは、つい最近のことだけど。色々と勉強した今は、自分は贈り物を与えられたんだと認識しているわ。私は、理由があって救われたんだと。そしてその理由の一つが、この体験を世の中に知らせるためだということだと、私は信じているの。

私の体験は疑いようのないものだったけど、以前はごく少数の人にしか話してこなかった。だってUFOによってガンを治してもらったなんてこと、気が狂ったと思われたくなければ、誰も話さないでしょ。

そして、一九九六年に『モーリー・ポビッチ・ショー』の製作者から出演依頼があったの。UFOによる誘拐事件について番組を制作しているから、ぜひ出演してほしいって。

「私は今、郡議会議員の再選を目指して選挙運動の真っ最中なんですよ。そちらのショーに出演するのに適当な時期とは全く思えません」

そう言って、一度は断った。でも、家族と話し合ってみると、みんなが出演したほうがいいって、勇気づけてくれたのね。

それで、一九九六年の九月、私はその番組に出演して自分の体験を語ったの。とうとう公衆の前に出ていって、話したというわけ。なぜなら、あのUFO体験がなければ今の自分はなかったということが、私にはわかっているから。あの体験こそが、私がガンから回復できた九十九・九

%の理由。私は贈り物を与えられたのよ。

これらの存在とコンタクトする手段があるのか、よく聞かれるけど（私は「エイリアン」という言葉が嫌いなの。あまりに品位を落とす、そぐわない言葉だと思うから）、私が目撃したのは、あの円盤だけ。そして、あれが何だったのか、説明することは不可能なの。

ただ、あれが地球外のものだということは、わかる。なぜなら、あの体験の結果として、常識を超えた素晴らしいことが起こったんだから。

私は癒された。それだけじゃなく、私はあれ以来、人々を助けるために物事を透視する能力も身につけたの。例えば、ある人が何かをなくしたとき、それがどこにあるか、私には見える。ほかにも、希望した仕事に就けるかどうか教えてあげたり、色々できるけど、私はそれを商売にしたり、誰かれ構わずやることはしない。私は、この「透視眼」という贈り物を、必要だと思う状況でだけ役立てることにしているから。

もう一つの贈り物は、ヒーリング能力。例えば、子どもの一人が耳の感染症にかかったら、私はそこに手を当てて意識を集中して、痛みを取り去るの。長い間、これはすべての母親がもっている自然の能力だと思っていたけど、今は、それも贈り物だと思っているわ。

ほぼ二十五年前のあのヒーリング体験以来、私に授けられた贈り物について、私は日々、学んでいるの。あの体験を世の中に知らせることだけが、私の役割ではないと思うから。私がやるべきことは、まだほかにあるはず。それが何かはまだわからないけど、一つだけわかっていることがあるわ。それは、私がまだほかの役割を果たしていない！　ということよ。

第二章　鼻孔への移植

ジョン・ハンター・グレイ——健康増進処置

ジョン・ハンター・グレイは、アリゾナの先住民の一人として、妻のエドリーとアイダホ州に住んでいる。四人の子どもと八人の孫がいる彼は、現在、六十四歳である。彼の父親はミクマク族、アブナキ族、そしてモホーク族の混血で、母親はスコットランド人だった。

グレイは人種・文化関係に詳しい社会学者であり、地域社会に貢献する活動家、またUFOやET遭遇に関する有名な専門家でもある。

一九六〇年代、グレイはアメリカ最初の大規模な公民権非暴力抗議運動の一つ、ミシシッピ州の〈ジャクソン運動〉を組織して活動した。この運動は激しい暴力にさらされ、指導者メドガー・エバーズは殺害されている。存命中のエバーズに会った一人として、グレイ自身も暴力の標的になり、警察と地元の白人たちから四回も袋叩きに遭った。彼の家は〈夜の覆面騎馬暴力団《ナイト・ライダーズ》〉により銃撃されている。

グレイはこのような社会活動によって、数多くの栄誉を受けてきた。そのなかに、〈ノースダコタ社会正義活動マーティン・ルーサー・キング・ジュニア賞〉も含まれる。彼は単科大学や総合大学で定期的に講演を行い、またマスメディアから社会正義問題、アメリカ先住民の歴史および社会学に関するインタビューを受けることも多い。

これまでは時折UFOやETに関するインタビューを受けることもあったが、最近のジョン・グレイは極めて用心深くなっている。マスメディアでは自分の語ったことが正確に掲載されないと感じるようになった彼は、現在このテーマの発言をする場を学問的討論会と厳選したマスメディアに限定している。

私も当初、本書への協力依頼を丁重に断られている。本書のテーマとそこで議論されるUFO・ET体験の核心が肯定的なものであることを保証してやっと、彼はインタビューに応じてくれた。

＊　＊　＊

初めに言っておきたい。私は、いわゆる人間型エイリアンと呼ばれるETを、好意的な目的をもった訪問者だと見なしている。また、彼らは本質的に私たちに類似しているが、はるかに進化した一つの種だと考えている。私自身の体験と、何百人もの人々の体験に基づいて、こう結論づけるに至った。ETたちはとても友好的だが、私たちの世界の〝挑戦的〟なあり方のせいで、極めて用心深い態度をとらざるを得ないんだ。

それに、長い間、地域社会で市民活動を組織してきた人間として、なんとなく理解できることもある。それは、ETたちも優秀な市民活動組織のように、草の根レベルで活動している、ということだ。彼らは次のような長期計画に携わっていると、私は確信している。

1. 地球上の数%の人々が世界を救うための活動を「最後までやり通す」ことを助け、人類の社会正義にまつわる意識を高める。
2. 私たちの太陽系の近くに、いつか交流することになる友好的なETが存在すると、少しずつ人類に気づかせていく。

では、私の体験について話そう。一九八八年三月二十日、私はミシシッピ州とルイジアナ州で講演するために、当時二十三歳だった息子のジョンと車に乗り込み、ノースダコタ州を出発した。

私は本来、回り道せずに、目的地への最短距離を行こうとするタイプの人間だ。しかし、このときはなぜか、ウィスコンシン州南西部のミシシッピ川流域、つまり起伏の多い丘陵地帯の、物寂しい曲がりくねったルートを行こうと決めていた。後から思うと、そのルートは全く不適切だったが、不思議なことに、そのときはそのルートが最適だと思ったんだ。

出発して、午後遅くラクロスの辺りを運転しているときは、私たちは元気いっぱいだった。しかし、それから人里離れた環境に入り込むにつれ、ゆるやかに私たちの意識がぼやけていった。

どんどん道が逸れて、奥まった土地に入った頃は、二人とも同時に記憶喪失に陥ったかのようだった。結局私たちは、その日の午後遅くから夕方にかけて、ウィスコンシン州リッチランド・センター近くの薄暗い森の中にいた。そしてこの間、九十分の記憶は失われていたんだ。

翌日の午前中、私たちは、イリノイ州ピオリアから五マイル東の地点で、UFOを目撃した。このときは、二人とも完全に意識のある状態だった。

午前十時十四分、周囲にも上空にも何もなかったところに、突然、明るい光がやって来た。その光は空の彼方から段々と大きくなって、私たち二人の真上まで来た。それは信じられないほど明るい物体で、キラキラと銀白色に光り輝いていた。直径は、二本の幹線道路を合わせた幅の三分の二程度だったと思う。ほぼ百八十メートル前方まで近づいたと思ったら、それはわずかに向きを変え、私たちの車の上空を上昇しながら通過していった。それで、私たちにはそれが、コーヒーカップの受け皿状の形をしていることがわかったんだ。そのつり鐘型の円盤は、信じられない速度で、立ち去った。

このとき息子と私が感じていたのは、同じようなことだった。二人とも、〝私たちに目撃させてくれた〟と感じていたんだ。非常に友好的な印象を受けたんだね。同時に、これでゆうべの出来事も理解できる、と思ったよ。

私は、以前に少し読んだことのある、UFO事件についても思い出した。それは、一九六一年にベティ&バーニー・ヒル夫妻が遭遇事件について書いた本（『中断された旅《インターラプテイッド・ジャーニー》』）だった。当時、彼らのUFO体験にはわずかな興味しかなかったが、ヒル夫妻が異人種間で結婚していたこともあり、彼らには興味と好感を覚えていた。私はこの体験の後、すぐベティ・ヒルに手紙を書いたよ。それ以来、彼女は私たち家族ととても親密な間柄なんだ。*

＊原注＝ベティ＆バーニーはＵＦＯによる誘拐体験者としては最も有名。バーニーは黒人で、「ニューハンプシャー州公民権委員会」のメンバーだった。妻のベティは白人でソーシャルワーカーをしていた。彼らの誘拐事件は、一九六六年に雑誌『ルック』が初掲。

いずれにしても、この遭遇は偶然ではなく、ＥＴたちによる慎重な計画と密かな作戦のもとに行われたことだと思う。そしてそれは私たちだけでなく、体験者のほとんどに言えることだと私は信じているんだ。

この三月の遭遇事件から三か月ほど経った頃、私の記憶は自然と甦り始めた。そのうちに息子の記憶も甦って、互いに確認し符合する部分を補いながら、徐々に鮮明かつ整然とした記憶になってきた。それを総合すると、こうなる。あの失われた九十分に起こっていたのは、こんなことだった。

幹線道路が四車線でなくなった辺りで私たちの意識はぼやけ、車は確実に幹線道路から逸れ、狭くてひどいデコボコ道に入っていった。その森の中の曲がりくねった道を登りきると行き止まりになったので、私たちは車を停めた。

私とジョンは、車の助手席側からあまり離れていない所に立っていた。辺りはほとんど真っ暗だったが、私たちはなぜかくつろいだ気分だった。そうするうちに、二、三人の小さな人間の形をしたものが、私たちの車——小型トラック——後部の用具を見ながら後ろのバンパーを登っているのが見えたんだ。近寄ってみると、彼らは身長が百二十〜百三十八センチくらいで、胴体と手足が細い割りに頭部は大きかった。とりわけ目は大きく、少し斜めにつり上がっていた。私たちの周りに、この小さな人間型生物たちが六、七人いたと思う。

もう一人、身長百八十二センチの私と同じくらい背の高い人間型生物もいた。彼はほかの小さな人ほど細くなかった。座っているジョンの周りに三人の小さな人間型生物が集まり、互いにうっとりと見つめ合っていた。なぜだかみんな、とても気持ちが良かったんだ。

私たちと彼らの意思疎通は、テレパシーで行われた。私たちはともに闇の深まる森を歩き、峡谷を登り、小さな尾根を越えてUFOが着地している場所に着いた。そこは、ほとんど人目につかない山奥の空地だった。

それから私は、濃い青色のパネルがあって、一種の白色光に明るく照らされた部屋に通された。この部屋にいたときの鮮明な感覚は、記憶が回復して以来、今も継続している。私はそこで、たぶん何らかの治療を受けたんだと思う。右の鼻孔から奥深くに、何かが細心の注意を払って移植された。それから、首の甲状腺の辺りと、胸の中央上部(胸腺)にも、何かが注入されたようだった。*

***原注**=甲状腺は首の前部にあり、正常な成長と新陳代謝を維持するホルモンを作っている。胸腺は、胸部、甲状腺の下にあり、免疫系の調整を助け、老化の過程に関与している

といわれる。

この出会いは、そこにいた全員にとって、本当に素晴らしいものだった。……そんな感覚が強烈にある。

私は、背の高い人間型生物の友人――〝友人〟としか思えなかった――といっしょに森の中を歩き、車まで戻った。私と彼は、互いに強い友情を感じていたから、本当に別れ難かったよ。でも私はその背の高い人間型生物の友人と、また別の場所でいつか再会するということもわかっていた。不思議なことに、彼と私が特別な関係にあることがわかるんだ（これは推測だが、彼は〝混血種〟に近い存在なのかもしれない。全く違う人種や文化が出会い始めるとき、いつでも混血種は非常に重要な役割を果たす。私自身、アメリカ先住民とスコットランド人との混血だが、混血種は二つの異なる人種や文化を取り持つ、重大な「仲介者」の役割を果たすと思われる）。

そして、ジョンと私は二人だけで車に乗り込んだ。すぐに、明るく輝くUFOが上昇して、暗い雲の彼方に飛んでいくのが見えた。私たちはその後、幹線道路を逆戻りして、リッチランド・センターに至る道路に出た、というわけだ。

あのとき私たちが、二人とも短期的な記憶喪失になったのは、なぜだったんだろう？　それは、夢のような気分に陥って仕事に支障を来たすことがないよう、そして否定的な注目を浴びてもみくちゃにされないよう、という配慮だったのではないか？　今、私たち二人はそう考えている。

それ以降にも、ジョンと私は遭遇を体験している。

一九九七年の七月初旬、私たちはあの遭遇以来、初めての長期旅行に出かけた。それはグランドフォークスから、家族のルーツがあって縁故の多いアイダホ州まで行って、ある山麓に素晴らしい家を購入するのが目的の旅だった。

午後十一時三十五分、私たちはモンタナ州のビリングズを通過した。遅い時間だったが、私は眠気もなく爽快な気分で運転していた。その後、不思議なことが起こった。

まず、ビリングズを出て三十分ほど経ったとき、私たちの後をついてきた奇妙な光に気づいた。またもや頭がボウッとしてきたが、UFOとの遭遇があるのかと、二人とも落ち着かない気持ちになった。

突然、私は道路標識から判断すると、自分がものすごくゆっくり走っていることに気づいた。ほとんどの幹線道路を、時速百キロちょっとで走っていたのに。そこから推測すると、あの不思議な青い光は幹線道路の上手にある森の中に見えたことになる。

休憩所に車を停め、腕時計を見ると午前一時四十五分だった。ほかのことは何もわからなかったが、ET体験が起こったということだけはわかった。二人とも、いい気持ちだったから。ただ私は、胃の調子が翌日までヘンだった。

ノースダコタに着いて調べると、百十四キロ移動するのに二時間十分かかっていたことがわかった。ジョンと私は今回の遭遇について、ビリングズを出て約三十分後にあの不思議な光が出現した時点から、約一時間続いたと思っている。このとき私たちは、州境の人里離れた地区にある細い道路を走っていた。ここで再び大まかな理学的検査と健康増進処置が行われ、一九八八年の治療を根本的に補強したんだと思う。なぜそう思うかって？　それは私たち二人が今、かつてないほど健康だからさ。

この遭遇に関しては、六か月後に見た夢で、記憶が鮮明に回復した。あのときジョンと私は、何人かのETたちと会っていたことがわかったんだ。そのうちの一人はほかの存在より背が高く、全員が白い服を着ていた。私たちは、未舗装の路上に車を停め、外に出ていた。不安を感じたのはほんの一瞬だった。というのも、すぐに彼らから強い友情が伝わってきたから。例によって不思議な至福感に包まれていたんだ。

以上の理由で私は、彼らは間違いなく友好的で感受性が強く、思いやり深い存在だと思っている。


そうこうするうちに、私は段々、過去の記憶を取り戻していった。もっと若い頃に、少なくとも三回は接近遭遇していることも思い出した。まず、一九四一年の夏の終わり、七歳のときにカンザス州で。次に一九五二年八月初旬、十八歳だったときにアリゾナ州で。そして、一九五七年五月下旬、二十三歳のときに、同じくアリゾナ州で。いずれも、人里離れた地域で私はETに遭遇していた。

ジョンには一九八八年以前の体験はないようだが、私たちは二人とも、ETたちの目的を、とても好意的なものだと感じている。だから再び会えることを心から望んでいるし、期待しているんだ。

一九八八年の遭遇後、私に起こった生理学的変化は少なからぬものだった。しかも、それらの変化は現在も継続している。その内容は具体的にいうと、次のようなことだ。

1　頭髪の伸び方が、以前より速くなった。少なくとも二倍の速さで伸びている。

2　眉毛が太く、濃くなってきた。

3　以前は生えていなかった腕、足、腹部、胸部に体毛が生えるようになった。

4　一九八八年以前には全くなかった濃いあご髭が生えるようになった。

5　手足の爪が、以前の二〜三倍の速さで伸びるようになった。今も一週間に一度は爪を切らなければならない。

6　約一・五センチ背が高くなった（足のサイズも大きくなった）。

7　切り傷やひっかき傷はすぐ凝固するなど、非常に治りが速くなった。一九八四年から一九八八年の遭遇直後まで毎日のように出血していた歯茎が治った。

8　右顔面に残っていた傷跡（一九六三年、ジャクソン運動で襲撃された際のもの）が、一九八九年春の時点で完全に見えなくなった。

9　皮膚のつやが急速によくなり、大部分のほくろが、傷跡とともに完全に消えつつある。

10　もともとシワが多いほうではなかったが、少々あったシワも完全に消滅した。

11　皮膚が健康になり、からだ全体、とりわけ顔と首周りが、皮膚がたるむことなく細くなった。
12　血液の循環が著しく良くなった。
13　老眼で本が読みにくくなっていた視力が遭遇後、次第に向上し、今なお向上している。
14　三十五年以上ヘビースモーカーだったが、遭遇の翌年、心身の抵抗なしに喫煙を止めていた。
15　緑色野菜、とりわけエンドウマメとブロッコリに対する食欲が増し、タンパク質、バターミルクへの嗜好も増した。
16　遭遇以降、はるかにエネルギッシュになった。
17　遭遇以降、免疫力が著しく向上し、病気にかかっていない。
18　鼻腔の通りが悪くて困っていたのが、遭遇直後によくなり、ほとんど気にならなくなった。

息子ジョンも似たような変化を体験し、遭遇時すでに二十三歳であったにもかかわらず、あれから三センチも身長が伸びている。

私の場合は、こんな変化もあった。私は幼い頃からずっと、自分にサイキック能力があることを感じてきた。そのサイキック能力——テレパシー、透視、予知、念動——は、一九八八年の遭遇以来、著しく向上している。なかでも劇的に飛躍したサイキック能力は、念動の分野だ。しかも、こうした能力のすべてが彼らと遭遇するたびに向上し、今も向上を続けている。

一九八八年の遭遇について記憶を取り戻してから、私は自分のＵＦＯ体験を人前で語り始めた。

UFOとの接近遭遇を体験していた人々は、ほとんどが私の好意的な見解に賛同してくれる。実際、私は約二百二十五人の人々と会って話したが、彼らのほとんど全員が、遭遇を友好的なものだと感じているんだ。

こうした統計から考えても、ETたちの動機は好意的なものだと確信していいんじゃないだろうか。彼らは私たちが好きなんだよ。ただ、彼らも私たちとの遭遇によって何らかの利益は得ているのだろう。思うに彼らにとって私たち人類は、町の悪童のような存在なんじゃないかな。だから彼らはここで、ある種の社会福祉活動をしているんだと思う。

肉体面、感情面、そして知性の面でも、ETたちは人類に近い存在だと私は考えている（もちろん明らかに、彼らのほうが進化しているが）。だから、一般大衆がUFOやETに対して感じる恐怖は、人種差別に根ざすものだと推察しているんだ。彼ら〝陰気な悲観論者たち〟は、テレビや活字媒体で、ETとの遭遇に関して「誘拐事件」という言葉を使いたがる。そして「被誘拐者《アブダクティー》」の中には、「エイリアン」を「とても醜い」と表現する者もいる。私はそこに、恐怖に根ざした人種差別主義が見てとれると思うんだ。

ETたちの社会はたぶん、非常に洗練された民主的システムで成り立っているんじゃないだろうか。集団のすぐれた面と個人の創造性を上手に引き出し、集団的福利と個人的幸福を両立・調和させた社会を実現しているように思えてならない。そうでなければ、彼らがあのような達成を見たはずがない。彼らはそれぞれが独自の個性をもち、かつ共通の目的を成し遂げるために心を合わせて働いている。全体主義に偏っても利己主義に偏っても、あのようなレベルに到達することはできないはずなんだ。

そんなETとの遭遇によって、私も社会正義を追求する活動に関して大いなる示唆をもらった。私が出会った体験者も、多くが意義ある社会的活動に関わっている。物質的・霊的側面における社会状況の向上、環境や生態系を保護する活動、諸問題に対する非暴力的取り組みといった活動だね。

最終的に、ETたちは多くのことを私たちに提供してくれるだろう。なかには健康の増進、今より長い寿命が含まれるかもしれない。それが何らかの形で、人類の成熟に役立つのだと思う。私は、彼らからの最も価値ある贈り物のひとつが、集団的福利と個人的幸福のバランスをとるための洞察だと考えているのだが。

また私たちもきっと、彼らETに有形無形の価値ある贈り物をできるはずなんだ。だから、幸運にもUFOとの接近遭遇を体験した人たちは、その体験を活かすことを考えてほしい。「何を与えられたか」ではなく、「与えられたものをどう活かすのか」と。そして「私たちは何なのか」、「これからどうなろうとしているのか」ということに心を傾けてほしい。私たちは、周囲の状況を改善するために、与えられたものをすべて活用すべきだと思うんだよ。

第三章　犬と小鳥が騒ぎ出した

メアリー・カーフット――〝エイリアン精神病〟

二人の成人した子どもがいるメアリー・カーフットは五十六歳の女性で、シカゴ郊外に住んでいる。

国際協力システムの分析者として、メアリーは心理学と数学の分野で大学院の学位をもつ。彼女は現在、シカゴ地区にある接近遭遇体験者たちの支援グループで、調整役をしている。彼女はまた、政府保有の非公開UFO情報の公開を働きかける政治活動グループ〈知る権利のための行動計画〉の専務理事でもある。

ほかの体験者から本書の企画について耳にしたメアリーは、早速私に電話をくれた。私は彼女の知性と機知、そして寛容さに感銘を受けた。メアリーは私たちの霊性と、肉体、そして魂の癒しについて語ってくれた。

＊　＊　＊

私のコンタクト体験は多くの接近遭遇者とは違うもので、医学的な検査や実験を受けたことはないの。もちろん、意志に反して連れ去られたこともない。でも、彼らにヒーリングを受けたことが三回ほどあるわ。

UFO体験によって、何らかの症状が治癒したという事例は少なくない。でも、そういうことを聞きたがらない研究者も多いわね。彼らは、それは「ストックホルム症候群」（訳注＝人質がある種の状況のもとで犯人に進んで協力し、それを正当化しようとする現象。一九七三年のストックホルムでの銀行強盗事件から）のようなもので、体験者が「自分を捕えた者と一体感を感じ」、「単に治療を受けたと信じたがっているだけ」だと考えている。だけど医療専門家のなかには、これらの〝奇跡的な治癒〟を認め、「理解できないが、意義はある」と認める人も増えているのよ。

私が最初に受けたヒーリングは、たぶん予防的なタイプのものだったと思う。それは私が子どもの頃に起こって、最初の記憶の一部になっている。かなり訓練的で長期にわたる、複雑なものだったわ。

もっと最近に起こった、単純なほうから話しましょう。

それは、一九九四年六月に、右目がシカゴの病院で切除された後のことだった。私は十六歳の頃から、目の角膜が突き出る疾患にかかっていたの。円錐角膜といって、ちょうど風船の内側を指で押すと風船が外側に突き出るように変形して、視界がひどく歪められる疾患よ。

視界を矯正する唯一の方法はコンタクトレンズをはめることだけど、私の場合それだけでは間に合わず、角膜移植が必要だった。それも移植に伴う拒絶反応のせいで、合計四回も手術を行っていたの。ところが、庭仕事をしていて、うっかり木の瘤《こぶ》に目をぶつけてしまった。目は萎縮し始めて、見るも恐ろしい状態になり、結局義眼を入れる手術が必要になったわ。

手術の後、回復室から一般病室に移されると、私は眼窩に送られてくる空気の流れを感じ始めた。不思議な感覚だったけど「空気の流れを感じても心配しないように」という指示を思い出して、これも治療の一環だろうと思ったの。すると今度は頭の中で、カチカチという音が聞こえる。気になったけど、これも一定の周期で空気の流れを送る装置の音だろうと考えることにしたわ。

ところで、現在の義眼手術は、眼窩にアクリル製の球をはめ込むものだということをご存知かしら？ アクリル製の球を眼窩にはめ込み、眼の筋肉をその球に付着させるの。私の場合は、臀部から組織の一部を取って、アクリル製の球前部に付着させた。そうすれば、血管が新生し、筋肉が多孔性の球を動かせるよう全体が再編統合されるから。

私は手術の翌日に退院すると、またその翌日に、検査で病院に行かなくてはならなかった。このとき、義眼の手術をした外科医に仰天されたの。

「奇跡だ！ もう八十五％も血管が新生している。普通ならここまでくるのに三週間はかかるのに……」

「あら、それじゃ手術後の空気の流れが効果を上げたんですね」

「空気の流れって何のことですか？」

「先生の指示じゃないんですか？」

「いいえ、我々は空気を送る指示なんて出していませんよ」

それで私は、「空気の流れを感じても心配しないように」という指示は、夢を見ているような状態で聞いたことに気づいたの。同時に、別世界の存在があの空気の流れに関わっていたことにも！　私は外科医に聞いてみた。

「もし、お医者さんが眼窩に酸素を送るような何らかの手段を考案したら、それで術後の治癒は促進されますか？」

「そんな手段があるのなら、劇的に促進されるでしょうね」

その医者は、私が手術中に使われた麻酔で、一種の幻覚を見たと思ったみたい。でも私には、あれが実際に起こったということがわかっているわ。

もう一つは、一九九六年の十一月。ある夜、接近遭遇体験者のメンバー二人と、ＥＴとのコンタクトを試みたときのことよ。

私たちはその頃、ただ受け身で彼らを待つのでなく、コンタクトを呼びかけてみよう、その準備は整った、と感じていた。それで、そのために集まったの。

不安な気持ちもあったわ。というのは、その日は初めから予感があったから。我が家の犬は落ち着かない様子で家中を嗅ぎまわるし、小鳥たちも大騒ぎで、オウムのトビーは、「ＵＦＯ」と叫びながら止まり木の上を行ったり来たりしてた。彼らの出現を察知してたのね。

私たちは一晩中起きているつもりだったけど、時々まどろんだり、変性意識状態に入ることもあった。それで午前三時半頃、彼らと意思を伝え合うために、再び心を集中したの。そうしたら、あっという間に変性意識状態に入って、床が振動し始めるのを感じた。まるで自分が揺れているような感じだったわ。目は覚めていたけど、何かとても不思議な感覚だった。

いっしょにいたメンバーによると、このとき、オレンジの泡が私の上半身を包み込んでいたというの。私には見えなかったけれど、その後、三人とも変性意識状態から抜け出たときには、驚くべきことが起こっていた。私の持病の発疹が消失し、生まれたての赤ん坊のような皮膚になっていたの！

この発疹は常に出たり消えたりして、ストレスが増えるとひどく悪化する、悩みのタネだった。特に腕の内側、前腕の上部、首は赤く腫れていた。前夜に激しくかきむしったせいで、出血しているところもあったわ。それがオレンジの泡に包まれた後、新しい皮膚に生え変わったかのように、すべての発疹や掻き傷が消えていた。

残念ながら、発疹は二週間後にまた出てきた。恒久的な治癒ではなかったのね。でも、あのとき何かが起こったことだけは間違いないわ。

では、私が最初に受けたヒーリングについて話しましょう。これは、ヒーリングというより、訓練と言った方がいいかもしれない。二歳半の頃から始まったことなの。異常に聞こえるかもしれないけど、それは言わば、この場所、この時間、この現実に焦点を当てて生きるための訓練だった。

つまり、それ以外の〝現実〟が示されても、私がそれを混同してしまわないように、この場所、この時間の現実を手放さないで済むための訓練が行われたの。こんなこと、ほかの誰にも聞いたことがない話よ。でも、それが私の幼い頃からの体験だった。

私はいつも、違う〝現実〟を見ていた。だから、〝この現実〟に焦点を当て続けることを学ばないと、気が狂ってしまうことがわかっていた。たった二歳半の頃から。

五歳にも満たない子ども時代、外で遊んでいて突然、幼い少年少女が見えることがよくあった。私は彼らを「無表情な人たち」と呼んでいた。というのは、彼らには感情というものがなかったから。私には、彼らが私のように〝現実〟を学んでおらず、どうすれば〝人間〟でいられるのか学んでこなかった、ということがわかった。それは、私もちゃんと訓練しないとこうなるということを意味したから、とても怖かったわ。

今思うと、私はたいていの子どもたちとは違っていた。なぜか過去生の記憶が閉じられずに、たえずこちらに流れ込んでいたのね。でも、私は〝正常〟でなければならない。それでサポートを得たんだと思う。

彼らがどんなふうに私を助けたのか、具体的には思い出せない。でも時折、目撃していたことも事実よ。最初は、二歳半の頃。私はベッドに横たわって、窓の向こうを見ていた。すると突然、明るい白い光が現れたの。窓の外に人影もあった。とても怖かったことを覚えているわ。

その後に、淡い黄色の光を放つランプを掲げて窓の外から私を見つめる、みすぼらしい老人を見せられた。でもそれは、〝現実〟を受け入れやすくするカモフラージュのようなものだった。私が学ぶべきことは、現実の体験とそのカモフラージュの違い。つまりそれも、本当の〝現実〟に焦点を合わせるための訓練だったの。

今からほぼ三年前、車を運転して家に帰る途中に突然、子ども時代の恐怖を追体験したこともあるわ。それは、言葉では言い表せないほどの恐怖で、ほんの数秒間の追体験で、その後何週間も後遺症に悩まされるくらいだった。私はそれを「エイリアン精神病」と呼んでいるの。なぜなら、それは人間レベルのことじゃないと思うから。

精神病だと思われるだけだから、今はこのことを人に話さないようにしているわ。でもそれは、真実とは全く違うの。

今はもう大人になったから、自分が正常だということはわかってる。恐怖を感じる必要がないことも悟った。じゃあ、なぜ人間があんな精神状態を体験するのか、研究している段階なのよ。ここ数年、私は意識の研究にのめり込んできた。神経科学と脳の研究、精神分裂病の研究に進んでいるところなの。

精神分裂病の症状を調べるうちに、接近遭遇体験者たちの多くの報告が、精神分裂病のそれに似通っていることもわかってきた。だから、両者の共通点と違いについて、突き止めようとしてきたわ。

典型的な精神分裂病の患者は、彼らの精神領域に入ってくるすべてのものに対して、感覚の高ぶりを体験している。彼らはあらゆるものを、強烈に感じすぎてしまうのね。これを静める薬が使われているときですら、彼らの体験は奇怪なものになってしまう。精神分裂病の患者は、私たちが「今」「ここ」と呼ぶこの現実だけでなく、あらゆる種類の現実に対して、いわば〝開いて〟しまっているの。私は今そう考えているけど、まだ証明できたわけじゃないのよ。

ただ、こうした研究はあの存在たちが私を何から助けてくれていたのか、認識するのにとても役立ったわ。幼かった頃の私は、すべてのものに対して、今よりはるかに開いていた。過去生だけでなく、あらゆる種類の現実、他次元から入ってくるものに対して。

大人になった今でも、私は時折、自分がこの次元と別の次元に、同時に存在していることに気づくことがある。それでも、自分がいるのは「ここだ」とわかる。私はこの現実とほかの〝現実〟を、区別することができるの。精神分裂病者の場合は、たとえ薬によって流入する〝現実〟を低く抑えたとしても、区別ができない。彼らは区別する感覚を組み込まれていないように見える。そして私も、子ども時代からあの厳しい訓練を受けてこなかったら、ああなっていたんだと思う。

一九九一年の八月、見覚えのある黄色の光が私の寝室に入ってきて、その翌朝、私は数々の遭遇体験を思い出した。以来、私の人生は百八十度変わったわ。

それからの私は、遭遇体験にまつわる文献を可能な限り読みあさり、〈相互ＵＦＯネットワーク〉（ＭＵＦＯＮ）やそのほか、ＵＦＯ体験者のためのグループに加わった。一九九四年にはシカゴでＵＦＯ関連に対する一般の意識を高めるため、自分でグループも立ち上げた。そこでは著名な話し手を招いたり、マスコミに働きかけたりした。〈知る権利のための行動計画〉の専務理事として、国会議員と大統領に請願書を提出する手助けもしたわ。政府がＵＦＯに関する情報を一般に公開するよう、要求もしているの。

かなり頻繁にデモでアピールもしてきたけど、最近はペースを落としている。そのぶん、研究と執筆に集中してるの。自分自身の一連の体験と、それに関する疑問が、物理学、とりわけ多次元空間についての興味をかき立てた。それで、現代物理学を中心に、意識と異常体験との関係をテーマにしているのよ。

なかでも、十次元の存在を証明したリーマンの多次元空間理論からは、多くを学んだわ。ゲオルグ・フリードリヒ・ベルンハルト・リーマンは、一八〇〇年代初期から中期に生きた、卓越した数学者だった。現代物理学の大半は、最近では次元空間の諸問題を研究してるけど、多次元空間での物体の作用を扱う数学の領域もあるのよ。

私が体験した異常体験の多くは、別の次元（現実）にいる別の生命形態と関係をもつことだった。リーマンはじめ、超空間を扱う現代物理学の諸理論によって、意識の掛け橋がどう異常体験を形成するかについて、理解に近づけるような気がする。なぜなら、私の体験は「意識が出て行って、別の現実の中に入っていく」という感覚を伴うものだったから。

私は解離性障害（訳注＝非常に強いストレスを受けることにより、自分のアイデンティティー・記憶・感覚が意識から解離して、経験・記憶が妨げられる精神障害）についても研究したわ。たいていの場合、専門家は解離状態に陥っている人がどこに向かっているのかを理解しようとすることなく、診断を下す。ほとんどの人は意識の遊離なんか自覚したこともないだろうけど、私にはなじみのある感覚だからわかるの。私は精神分裂病、もしくは多重人格障害、解離性障害と非常に似通った体験をしてきた。だから私は別の次元や、意識の遊離について基礎的な認識を確立したいの。科学的根拠さえ立証できれば、いつでも実験的素材を提供できるわ。

一九九四年の五月には、こんなこともあった。友人であるエドから手紙をもらって、ひどく不安にかられていたの。彼のことが心配でたまらなかったけど、私にできるのは、ベッドで海老のようにからだを丸めていることだけだった。その夜、私はそうやって窓の向こうの満月を見ていたの。月が昇っていって、ついに視界から見えなくなった。と思ったら、別の月が現れたわ。

驚いたけど、月が後戻りしたのかもしれないと、自分を納得させた。人間って、あまりにも信じられない事態が起こると、自分をだましてでもバランスを保とうとするんだと思う。でも、二番目の月は膨らんだり縮んだりし始めて、私もこれは月じゃないと感じ始めていた。すると突然、窓を通り抜けてこちらへ飛び込んで来たの。まるで、窓ガラスも壁も存在しないかのように。

「ぶつかる！」

そう思って、身を守るために両手を上げた。でもすぐに、この白い光には見覚えがあることに気づいた。懐かしいような気がして、その光を抱きしめようとしたわ。でも、白い光の周囲には力の場のようなものがあって、近づくことしかできなかった。強烈な圧力を発していたから。

私は無意識のうちに、その強烈な白い光に話しかけていた。

「どうか、エドのことを助けて。エドをお願いします。ありがとう、ありがとう、ありがとう」

このとき、さっきまで私を苦しめていた不安が、スーッと消し飛んだ。たちどころによ！　そして私は、信じられないくらいの安らぎのなかにいた。今までの人生で、あのときほど自分の存在全体を感じたことは一度もないわ。あのとき私は、私と光だけが存在する世界にいた。ほかには何もなかった。物理的には、私たちは寝室の中にいたと言えるのでしょうね。でも、私たちは寝室にはいなかった。私たちは、あのときあの瞬間、別の次元の別の時間のなかに存在していたの。

次に私が気づいたのは、頭から九十センチくらいのところに、小さな黄金の光のボールがあったということ。それはただ、私を見つめていた。私は、「これはエドなんだわ」と思っていた。不思議だけど、そんな感じがしたの。

白熱したボールのような光が自分のところへ来たという報告事例は、ほかにもあると聞くわ。ほかの事例では、この光が広がって、ある種の光の存在になるらしいの。私が意識を失っていなかったら、そんな存在を目にしていたかもしれない。

後になって、このことをエドにも聞いてみたけど、彼は何も気づいていなかった。となると、助けられたのは私だけ、ということになる。一つわかったのは、人が他人のことを思い、誰かのために助けを求めるとき、こういう存在が現れる、ということ。自分自身のために求めても、きっと彼らはやって来ないと思うわ。

それから、こんなこともあった。あるとき、私が浴室に入っていくと突然、記憶が甦って、〝高次の存在たち〟が間近にいる感じを、いきなり追体験したの。当たり前の日常に、降って湧いたような神秘的な時間だった。

最初に、こうした存在たちとの一体感がやって来た。始めも終わりもない時間を超越した感覚で、宇宙に絶えず存在している、〝愛〟としか言いようのない何か。その愛の感覚に包まれて、霊や魂、全存在と融合しているような感じだった。そのときの安心感といったら、とても言葉で言い表せるようなものじゃないわ。

こうした存在たちは、終わることのない愛をもっているのね。彼らはきっと、自我というものを超越しているんだと思う。超越しているから、「死」も存在しない。彼らにとっての愛は、私たちになじみのある愛と比べるとはるかに抽象的なもので、興奮とも所有欲とも結びつかない。私たちが「無条件の愛」と呼ぶものすら、超越しているの。だから、あんなにも心が安らいだんだと思う。彼らの愛は、永遠のものだから。

たぶんそれは、人類が到達しなくちゃいけない、進化のレベルなんでしょうね。私たちが一つの種として地球に生き残ろうと思うなら、究極的には自我というものに捕らわれない段階に進む必要がある。あの日に浴室で私が見出したのは、そういうことだった。私たち人類は好むと好まざるとにかかわらず、その段階まで進化していくことになるんだと思う。

こういうと、自分の個性を捨てなければならないように感じる人が多いけど、そういうことじゃないのよ。自我に捕らわれないということは、個性を失って一体化することとは違う。私たちが一人ひとり個性ある存在として、霊的一体性に到達するということなの。

ほかの種にも個々の独自性が存在するということが、人間にはなかなか理解できないのかもしれない。そもそも自分たちと違うものを理解すること自体が、私たちには難しい。「それが私たちと同じでないなら、そんなものは存在し得ない」と考えているような気もする。だからこそ、ああいった存在が、ここにいるんだと思う。こういう狭い了見に陥っている人類の意識を拡大するために。私たちが生命に満ち満ちている広大な宇宙の一部なのだということを、私たちに気づかせるために。

本当は、私たちは宇宙を探求する準備ができている。今にも宇宙に飛び出そうとしている存在なのに、ただ霊的・精神的進化があまりに未発達で、それがブレーキをかけているんだと思う。ああいった存在たちが私のもとを訪れたのは、私の霊的・精神的進化を助けるためだった。そして、私が意識を拡大するサポートをしてくれたんだと思う。私は数々のコンタクト体験によって、多くのものを見てきた。それでも混乱することなく、この世界に根を下ろしていられたのは、幼い頃から始まっていた事前の訓練があったから。あれは、一言でいうと、足を地に着けておくための訓練だったんだと思う。現実離れした体験をしても、この世界にしっかりと着地していられるように。

ただ、なぜかはわからないけど、接近遭遇を体験した人のすべてが同じ訓練を受けたわけではないらしいの。私は支援グループのなかで、生きるのに苦労している体験者を見ているから、それがよくわかる。彼らは仕事を続け、ごく当たり前の暮らしを維持することに困難を感じている。遭遇体験の後で、そういう事態に陥ってしまうの。精神医学分野の専門家が立ち上がって視野を広げてくれない限り、前進には苦労が伴うでしょうね。意識の拡大は、そんなに簡単なことじゃないから。

私自身はもちろん、こういう遭遇体験のある自分を、とても幸運だと感じているわ。彼らは私を助けてくれた。彼らのおかげで、謙虚な気持ちで生きられるようになったとも感じているの。支援グループの仲間の一人は、宇宙船のなかで、彼らのこんな言葉を聞いているわ。

「多くの種が蒔かれるが、実を結ぶのはごくわずかにすぎない」

彼らはたぶん、成長と進化のことを言っているんだと思う。彼らは〝種〟を蒔き、その成長を助け、ときには一生にわたって心を配るのでしょう。ある目的と、遠大なる計画のために。その一つが、人類の意識と認識を拡大することなんだと思う。

第四章　透明なゼリー状物質の注入

コニー・イゼール――交通事故、そして時間と空間の裂け目からの生還

カリフォルニア出身のコニー・イゼールは四十二歳の今、新婚ほやほやで、心理学を専攻する大学生でもある。彼女は新しい夫と、最初の結婚でできた十代の娘とともに、コロラド州で静かに暮らしている。一九九五年、危うく死にかけた自動車事故から回復して以来、コニーは自分の人生を大きく変えた。それ以前は一九九三年にサクラメントのケーブルテレビの連続番組『ＵＦＯコネクション』を製作し、ＥＴ遭遇体験者たちのための支援グループを結成するなど、精力的な活動を行っていた。

コニーは体験者のための会報で本書の企画を知り、私に手紙をくれたのだが、その後二度も引越したため、連絡がとれなくなってしまった。彼女の手紙に興味を引かれた私は、数週間かけて彼女を見つけ出そうと試み、やっとの思いでこのインタビューが実現した。

若々しく活発な女性であるコニーは、時折自分の人生の展開に笑いながら、オープンに語って

くれた。

＊　＊　＊

一九九二年以前の私は、ＥＴ現象と結びつくような特異な出来事を、自分の人生から排除していたわ。そういう話題はＳＦか、誇大妄想のように感じていたの。でも、天使や妖精の存在は本当に信じていた。子ども時代の体験から、そういう可能性については心を開いていたのね。

五歳の頃、ある晩、一人の天使が私の部屋に入ってきたことがあるの。今思うと、その天使が本物だったのか、想像力の産物だったのかは定かじゃないけど。十六歳のときの体験は、もっとはっきりしたものだった。

そのとき私は死にたくなるほど深く絶望して、夜道をさ迷い歩いていた。絶望感に圧倒されていたから、ディーゼルトラックが轟音とともに脇を走り抜けたときは、死ぬチャンスだとさえ思った。「トラックが私を轢いて、苦しみをなくしてくれる」と思ったの。

遠くから、もう一台のトラックが轟音を立てて近づいてきた。私はフラフラと、道の真ん中へ歩いていったわ。

このとき、はっきりと声が聞こえた。

「走りなさい！　明かりのほうへ走りなさい！」

私がいた道は小さな山の町に向かう坂道で、遠くにぼんやりと明かりが見えていた。声の主を探したけど、周りには誰もいない。私が前方の町の明かりを見ると「今だ！　走りなさい！」と、また声が言った。突然、私は自分のしていることに気づいて、道の脇へ全力で走ったの。トラックは轟音を立てて走り去り、私は町の明かりの下、安全なところまで止まらずに走り続けたわ。また別なときには、「あなたを愛していますよ」という声を聞いたこともある。一人でベッドにいるときだったから、声の主を探して周りじゅうを、ベッドの下まで隈なく見たのよ。何も見つからなかったけど、「彼女は私たちの声を聞いたよ」という声がまた聞こえて、その後はクスクス笑いが続いた。

こんなことがあったから、私も天使や妖精の存在までは受け入れていたの。でも、私の宇宙観にETは含まれてなかった。ほかの惑星から来た存在が、不思議なやり方で人間と交流するなんて、夢にも思ってなかったの。

ただ私自身、論理的説明のつかない体験がよくあったわ。基本的には夢だと思って無視していたけど、それでも時々、自分の正気を疑うようなことが起こるの。そのうちに、〝夢〟が執拗に、目覚めているときの現実に姿を見せるようになると、その異常な事態はだんだん無視できなくなってきた。一九九二年には「何かが起こりつつある」「それは単に私の心の中で起こっているんじゃない」ということを認めざるを得なくなったわ。私には、その答えが必要だった。

それで私は真剣にET現象を探求しようと、調査を始めた。当初、私が見つけた記事は、恐ろしくなるものばかりだった。否定的な可能性への恐怖と、未知なるものへの恐怖、このままいくと気が狂ってしまうんじゃないかという恐怖で一杯になったわ。

でも、少しずつ大きな全体像が見えるようになってくると、恐怖は興奮へと変わっていった。また実際に体験することで、学びと霊的成長の機会も与えられた。そして最終的には、自分がいる新しい現実に慣れ、その神秘的なまでの美しさに驚嘆するようになったの。

これは、ETたち自身が「美しい」ということじゃないのよ。例えば私がよく見る存在は、明るい輝きに隠れているけど、ぞっとするほど大きな頭部と、昆虫の体のように動く長くて細い胴体をもっている。彼を見ると、私はカマキリを思い出すわ。この存在は私にとって助言者、もしくは教師の役割を果たしているみたい。そして、背の低い小柄な存在が、医師役を務めているらしいの。

人間の医師に検査・手術されることだって気持ちのいいものじゃないのに、相手が巨大な禿げ頭に大きな黒い目をした存在だったら、どんな感じがすると思う?

もちろんこんなことを言っても、不満があるわけじゃないのよ。私が「ぞっとする」「気持ち悪い」と感じてしまうのは、私たちの無意識に潜む影のようなもの。言わば精神的な麻酔が、まだ覚めていないだけなのよ。それに比べて、彼らの処置が私にもたらした結果は、素晴らしいものだった。ETたちがどんな方法をとったのか、なぜそれを行ってくれたのか、私にはわからない。でも、結果として生じた恩恵には本当に感謝しているの。

例えば一九八九年に、私はETの健康診断を受けている。その診断の間に、彼らは治療だと言って、グレープゼリーのような透明な白いゼリー状物質を私に注入したのね。処置には光線も含まれていたけど、記憶はあやふやで夢のような感じなの。でもゼリー状の物質は現実のものだった。「夢」から目覚めたとき、シャワーでそれを洗い落とさなければならなかったから。

この「夢」の以前、私は激しい子宮痙攣と苦痛に悩まされていた。それで婦人科医に予約を入れていたんだけど、診察日の前に症状は消えて、医者は悪いところを見つけられなかった。それから八年間は、風邪にもインフルエンザにも一度もかからなかったわ。

一九九二年に、私は初めてUFO関連の集会に参加したの。それは、体験者やET現象の探求者たちが集まる素晴らしい集会だった。講演者の話を聞いて、私は本当に救われる思いだったし、尊敬も感じた。そこで約四百人のET体験者と出会って、「もし自分が狂気の世界に入りつつあるとしても、自分一人だけじゃない！」と思えたのね。

講演者の一人が〝ETの指紋〟について話したとき、私は自分の膝に同じものがあるのに気づいた。そこには、まるで指紋のように等間隔に並んだ、三つの小さな傷跡があったの。私の膝は、数年前に傷めた軟骨を手術で取り除いてから、関節炎を起こしていたのに、この指紋を見つけた日から、わずかな関節痛すら感じたことはないのよ。

一九九三年には、こんなこともあったわ。十一月に、医者から子宮頸ガンだと言われたの。私はET体験者の支援グループで情報を求めたわ。多くの人が、従来の治療法とは違う、型破りな癒しの方法に通じていたから。

ある人は遠くからエネルギーを放射し、私は実際にそれを感じることができた。また別の人は、飛行機でアリゾナからカリフォルニアの私の家まで、オゾン臭のする（原注＝遭遇体験者やUF

Ｏ目撃者たちは、時折それらの体験に付随してオゾンのような臭いに気づくことがある）治療装置を持って来てくれた。別の人は、「ＥＴたちにガンを治すよう頼んでみたら」と言ってくれた。でも私は、そうしなかった。どう頼んだらいいのか、よくわからなかったから。何しろＥＴたちは、ソファに腰掛けてコーヒーとクッキーを楽しみながら、おしゃべりに付き合ってくれるわけじゃなかったから。

でも、実際彼らはその時期、とても頻繁に現れてくれた。週に二、三回、ひょっこり現れるような感じだったの。

ＥＴたちが私のガンを治してくれたのか、友人たちの豊かな愛情が治してくれたのか、私にはわからない。でも、摘出した子宮にガンは発見できなかった。そう病理報告書に書かれていたと、医者は教えてくれたわ。

その後、一九九五年の十一月に体験したヒーリングは、私を変えてしまうくらいに大きな出来事だった。肉体を超えて、精神的、とりわけ霊的な変化を私に起こすものだったの。

それは、ある寒い夜、友人のダンが私たちを車で家まで送ってくれたときのこと。私たちが乗っているトラックが山中の凍結した橋で横滑りして、一方のガードレールから反対側のガードレールまで回転したの。

このとき私は、トラックが幹線道路の橋を飛び越え、崖に落ちていくシーンを見ていた。確かにそんな記憶があって、空中で私は〝時間と空間の裂け目〟としか思えないものを見ているの。

この裂け目から出る明るい光は、真っ暗な夜空とは実に対照的だった。私はその裂け目に入っていく自分を感じていたわ。そこで私は、光の存在たちに出会った。光の存在たちは、一つひとつのエネルギーの小さな火花が集合して、単一の実体に形成されたものなの。私たちはここで、言葉を通さずに意思を伝え合ったの。私は、自分も肉体をもたないエネルギーであることに気づいていた。それは奇妙にも、よく知っているような、懐かしい感覚だった。

この場所には、時間も空間も存在しなかった。まるで私は初めから、そして永遠に、そこにいるかのように感じられた。でも私には、この空間の裂け目に入った私の一部は、再び外に戻らなければならないとわかっていたわ。何かの間違いが起こった。だからそれは正されるだろうと。このとき私は永遠のような一瞬のなかで、非常に多くのことを理解していた。ただその情報のほとんどは、こちら側の現実には属していないことだったの。

――突然、私はトラックに戻っていた。まるで時間が全く経過していなかったように。トラックは橋の出口近くで、ガードレールと平行な状態で立ち往生していた。かろうじて助手席のドアを開ける隙間があったので、私たちはやっとのことで外に出て、壊れたトラックの点検を始めたわ。

すると、別の車が近づいて来て、やはり氷で滑って私たちのトラックに激突したの。その車は私を二メートル以上引きずって、橋の外に投げ飛ばした。でも私は百八十センチほど下の安全フェンス近くに落ちたおかげで、さらに崖下へ転がり落ちずに済んだ。もし、もっと手前で橋から落ちていたら、少なくとも百二十メートルは落下していたでしょうね。

こうして病院に運ばれた私は、すぐに「命を救うために右脚を切断しなければならない」と告げられたわ。病院付きの司祭は、まるで私が今にも死ぬかのように話をした。でも、私は死ぬわけにはいかなかったの。脚があろうとなかろうと、娘はまだ私を必要としていたから！　このとき初めて私はETたちの助けを求め、「できることなら、脚を切らずに残したい」と付け加えていたわ。

手術から目覚めたときは、生きているのが何とも不思議な感じだった。視界の片隅に、背が高くて見覚えのあるETの一人が見えた。彼のほうに目を向けたときには、もういなかったけれど、私には彼が見守ってくれていたことがわかっていた。彼が私の頭の内部で、何かを行っていたことも。

看護婦がすぐに、脚が見えるように覆いをとって、私を安心させてくれた。ズタズタでひどく傷んでいたけれど、それは確かに私の脚だった。私の脚、私の体験がそこにあったのよ。

その病院に一か月入院している間、医者たちは私のことを「小さな奇跡」とか「奇跡の脚」と呼んでいたわ。

事故から数か月後、初めて痛みを感じずに目を覚ましたことがあった。そのとき部屋には、オゾンのような、ひどい臭いが充満していた。数時間もしないうちに、痛みはまた戻ってきたけれど。

この事故以来、深く考えるための時間がたくさんできた私は、いつしか自分の人生を見つめ直していた。私は自分の心を律し、一日一日をあるがままに受け入れ、暮らしのなかのささやかな贈り物を受け取って感謝することを学んだ。自分の人生を、神の手に委ねることを知ったんだと思う。

私は新しい感じ方、新しい体験の仕方を身につけた自分にも気づいていた。なぜだか、感情的な、そして霊的な牢獄から解放されたような感じだった。私はそれ以前よりもっと寛容で、人に共感できる、まろやかな人格の持ち主となり、直感に従って生きるようになっていた。それ以前の人生は幕を下ろし、新たな人生が始まっていたの。

あれから数年経った今、私は脚を引きずることなく歩いている。傷跡や時折感じる背中の痛みがなければ、あの事故は長く鮮明な夢だったとさえ思ってしまうくらいよ。

娘のキャシーは、事故のとき十五歳だったわ。彼女は私にとって素晴らしい家族で、彼女の両手には鎮痛剤以上の効き目がある。キャシーは、癒しの手をもっているの。

彼女にはまた、ETとの遭遇の鮮明な記憶、UFOの夢、からだに残った印、〝午前三時の目覚め〟など、典型的なET体験の証しがある（詳細は〈付録〉を参照）。

一年前、一人の女性ETが壁とステレオを通り抜けてキャシーの寝室に入ってきたとき、恐怖で金縛りになったけれど、そのETに抱きしめられるとすぐ、恐怖は和らいだそうよ。キャシーはその体験を「赤毛で大きなエイリアンの目をしたETのおねえさんと会った」として、はっきり覚えている。

キャシーは十一歳のとき、ある教室に自分がいる〝夢〟も見ている。そこでは一人のETが子どものグループに、宇宙の構造について教えていたというの。

キャシーだけでなく、ETとの遭遇に関わる特異な体験は、私の家族に多くの影響を及ぼしているのよ。母もまた、ET体験の自覚的で鮮明な記憶をもっている。妹は当惑するような体験を思い出しているけど、最近はETたちが現れないので「見捨てられた」と感じて不平を言っているわ。

私の八歳になる姪は二歳の頃からET体験があり、「耳のないウサギちゃんたち」が彼女を「翼のない飛行機」に乗せたと語っている。この姪は二歳のとき、裏庭のプールでうつ伏せに浮いているところを発見されたことがあるけど、肺の中に水は入っていなかった。彼女によると、一人の「天使」が水の中で彼女を持ち上げ、呼吸できるように助けてくれたそうよ。

私は現在、心理学の学位を取ることを目指しているの。肉体のヒーリングに大きな役割を果たす、感情的・霊的側面に関心があるから。肉体・精神・魂はすべてからみ合って、必要となる完璧な変化を創り出すことができる。また、私たちは触れることによって確実にヒーリングパワーを発動できるということも学んだわ。

私はいつも祈りの力を信じてきたけど、それがどう働くのかについての理解は変わってきたような気がする。エネルギーを動かすのは、意図なの。愛こそが癒しのエネルギーなのよ。

あるとき私は、私と同じように自動車事故に遭った仲間の一人と、病院の待合室にいた。彼は私に「具合がよくない。数回の手術が失敗に終わったから、片脚を失わざるを得ないだろう」と言ったわ。当然のことながら、私はとても同情した。だから雑誌を読むふりをして、彼にヒーリングエネルギーを送って、霊的な助けを祈ったの。

彼がそのエネルギーを拒絶しているのが、私には感じられた。彼は椅子から立ち上がって、反対側に行って腰掛けてしまった。でもその後、私には、二人の医者と彼の会話が聞こえた。医者は脚の切断以外の選択肢もあると、彼を説得していたわ。

私は最近、ETとの意思疎通のためのやりとりが、私自身の考えのなかに直接入ってきていることにも気づいてる。すべてが混じり合って、どの考えが本当に自分のものなのか、自分でもよくわからなくなっているの。私は自分で考える全部が自分のものだと信じているけど、かつての話し合いや合意に基づいて形作られている部分もあるかもしれないわ。

時々私は、自分がとても奇妙な状態にいることも感じる。私はこの状態を「ララの国」と呼んでいるけど、ほんの一時間のときもあれば、数日続くこともあるの。ララの国にいる間は普段通りにやることが難しくて、普段よりはるかに集中力が必要になるわ。めまいを感じたり、自分の声が奇妙にゆがんで聞こえることもある。あらゆることが普段よりゆっくり感じられ、周囲の物が鮮明で明るくなるけど、なぜかゆがんでいるの。現実が、感覚と形の点でゆがんでいるような感じ。まるで自分が金魚のように水槽の中にいて、よくわからない外の世界を眺めているような気分なの。

思うに、両脚がそれぞれ二つの別の次元に着地していると、ララの国が生じるんじゃないかしら。こうするとETの活動と接触しやすいから、二つの世界の間に滑り込んでしまうのかもしれない。それに、自分が「行《い》っている」とき、つまりララの国にいるときには、私は普段よりはるかに直感的になっているの。虫の知らせも多くなるから、デタラメに浮かぶ考えに注意を払うようになったわ。

この特殊な状態にあるときの周波数は、近頃いっそう熟してきたみたい。その周波数がブーンとなるような音になってきたの。

最近は、目覚めたままで見る夢を体験することも増えているわ。それは突然起こって、ほんの十五分くらい続く。これを体験している間は、目覚めているときの記憶と夢の中の記憶とを分ける垂れ幕が落ちてしまったような感じで、現実がとても異なって見えるの。新たな情報が洪水のように押し寄せてきて、速すぎて私の脳ではとても整理保管できないくらい。この状態は意識的に創り出すことはできない。いつも不意に起こって、そのままにしておくのがやっとなの。

これら全部が起こったことを、喜んでいるかって？　それは、私が生きていることを喜んでいるかって尋ねるのと同じことよ。今でも時々、「すべて本当のこと？」「私は正気なの？」って疑問に思うこともあるわ。でも、私にこれ以外の生き方があったのかしら？　私はただ、こういったET体験を通して考え、感じ、次々と起こる新しい次元を受け入れて生きるしかなかったのよ。

それに私は、あの自動車事故以降、すっかり普通の人間として暮らしている。事故以前と現在では、生活が全く変わったの。事故以前は、ET現象が私の関心のすべてで、ET体験者であることが私の仕事だった。私は至るところで会合を開き、体験者たちのためにピクニックを催し、支援グループを運営して暮らしてた。

でも事故後は、自分自身の癒しに集中するしかなくなった。そして私は、極めて普通で、地に足がついた人、つまり今の夫に出会った。彼は私の足が地についたままでいられるよう、助けてくれる。それに私は大学に通っているから、それ以外のことにあまり時間がとれなくなったわ。

この静かなひとときが人生であとどのくらい続くのか、私にはわからない。あの時間と空間の裂け目を体験している間、「私はもう生きるために苦闘する必要はない」「私がここですべきことをうまくやっていけるよう、物質的・肉体的に必要なものはすべて用意されるだろう」ということが、私にはわかった。それは、真実だと思う。ただ、それじゃ私は何をすることになっているのか？　正直言って、そのことについては、今もって正確にはわからないのよ。

あるとき私は、「すべての人が進んで行かなければならない」という、とても重要なメッセージを受け取ったの。私は、「そんなことできるわけないわ！　多くの人には、手掛かりすらないんだから！」と大きな声で叫んで抵抗した。すると再び、「すべての人が進んで行かなければならない」というメッセージが聞こえたの。

あまりに単純な、そして法外なメッセージだけど、手掛かりのない人たちが手掛かりをつかめるよう手助けするのが、私たちの仕事だと私は信じてる。ここでこうして私自身の体験を伝えることが、この点で少しでも役に立つことを望んでいるわ。

第五章　結晶体のエネルギー

ロン・ブレビンズ――ＰＴＳＤ（心的外傷後ストレス障害）からの回復

アメリカ先住民の血を引くロン・ブレビンズは、バージニア州北部に住む四十八歳の男性である。彼は一時、生まれ故郷であるノースカロライナ州、スモーキー山脈にある東部チェロキー族居留地に住んでいたこともある。ロンは約二十年間、警備の仕事に従事し、現在は首都ワシントンにある生物医学研究会社で働いている。

ロンは、彼の友人であり体験者仲間でもあるメラニー・グリーン（第六章参照）から本書の企画を聞き、インタビューに応じてくれた。控えめなロンの話は、事実に基づく、極めて詳細かつ啓発的な内容だった。

＊　＊　＊

私は子どもの頃からずっと、アメリカ先住民の伝統的な生活信条による訓練を受けてきた。と同時に、覚えている限り幼い頃から、これから話す〝存在たち〟とも交流してきたんだ。彼らは、ケンタウルス座のアルファ星系（原注＝ケンタウルス座のアルファ星は地球から約四・三光年離れた恒星で、太陽の次に近い）からやってきたと語っている。

ただ、私は長い間、どうしても彼らに好感がもてなかった。だから、意思の伝達を試みて執拗にテレパシーを送ってくる彼らを、ずっと拒否していたんだ。

しかし、そんな関係が一九八九年九月十四日に一変した。私の身に起こった、驚くべき癒しがそのきっかけだった。

一九六〇年代後半から米国陸軍に所属していた私は、一九七〇年、兵士としてベトナム戦争に行った。そして多くの帰還兵と同様に、ベトナムから戻るとPTSD（心的外傷後ストレス障害）に苦しみ、日常生活に支障をきたすようになっていた。

特にひどいのが睡眠障害で、十五年以上にわたって十分な睡眠がとれなかった。数時間眠ると決まって、ベトナムでの恐ろしい体験を再現する悪夢で目が覚めてしまうんだ。また、ベトナムで罹って以来、治らない癜風《でんぷう》（原注＝皮膚の慢性的真菌感染の一種）――やけどに似た赤い色素斑が胴体、胸、背中、首の周囲に広がる、ひどい皮膚病――にも悩まされていた。

私は、首都ワシントンにある復員軍人庁の病院にかかっていたが、処方された薬も効かず、悪くなるばかりだった。

そのうち睡眠障害が悪化して、私は昼間に何度も意識を失うようになった。もちろんこんな状態ではまともな日常が営めるはずもなく、当時いっしょに暮らしていた人は、みな出て行ってしまった。そんなわけで、一九八九年の九月までは状況が悪化するばかりだったんだ。私はふさぎ込み、いっそう眠れなくなり、途方に暮れていた。

そんなある晩、私は一人、アパートの自室にいた。明かりも点けず、暗闇の中でぼんやり考えていた。どう考えても事態は絶望的だったが、それでも打開策がないか、何かしら見出そうとしてたんだと思う。

当時、私は鎮静剤代わりによく酒を飲んでいた。その晩も飲んでいたから、もしかしたら正常な意識を失っていたのかもしれない（この体験の後、私は酒を必要としなくなった）。

突然、部屋の中に光が出現したんだ。不意の出来事に、仰天したよ。気がつくと、あの存在の一人が、この光の中に立っていた。幼い頃から時折見てきた、背の高いＥＴの一人だった。

その存在は、世に言う典型的なＥＴ、身長百二十センチの「グレイ」*ではなかった。とても背が高くて、百八十〜二百十センチくらいあったからね。彼らは人間型生物ではあったが、明らかに人間とは違う。ＥＴの特徴としてよく聞くように細身ではなく、筋肉質のがっちりした体格をしているんだ。その大きさと非人間的な特徴、圧倒されるほどのオーラを周囲に放っている様子に、私は強い恐怖を感じた。

＊原注＝「グレイ」とは、マスコミで最も多く描かれるＥＴ。小柄で痩せていて身長百二十〜百五十センチ、大きな頭部と非常に大きな黒い目、灰色がかった皮膚が特徴とされる。

彼らの皮膚はベージュもしくは薄い黄褐色で、強烈な印象を与える、大きい黒い目をもっていた。それから眉毛の上と、小さな口の周りには、ウロコのように見える隆起部がある。また人間よりも大きな手、はるかに長い指をもっていた。

私はそんな異様な姿を目の当たりにしてショックだったし、何より怖かった。ただ、とても真面目で優しい言葉を使うから、話すと印象は和らぐんだ。

その存在は、テレパシーを使って語りかけ、私にホログラフィーの映像を見せた。ちょうどスクリーンを使って、私に何か教授するような感じだった。スクリーンには、私がこれまで見てきた様々な悪夢が映っている。それを指して、その存在は私に、こう言ったんだ。

「これには対処できるんですよ。これは、もう起こる必要がありません」

そのとき、私は気を失っていたんだと思う。もしくは、変性意識状態に入っていたんだろう。それ以外に説明のしようがない。なぜなら、スクリーン上の悪夢を見ていたはずの私が、その悪夢の中に入り込んでいたんだから。

気がつくと私は、暗い小道、行き止まりの袋小路のなかで、その入り口付近を眺めていた。夜で、雨が降っていた。悪夢の登場人物が続々と袋小路に入ってくるのがわかった。悪夢の登場人物は、ベトナムで死んだ友人の兵士か殺された敵の兵士で、全員負傷してズタズタだった。彼らは手足を切断されたズタズタの肉体のまま、逃げ場のない私に襲いかかってくる……。これが、長年にわたって、私が繰り返し見てきた悪夢だった。

行き止まりの袋小路で、逃げ場はない……。奴らがやって来る……。でも、その瞬間、私は背後に、あの存在を感じた。そして振り返ると本当に、あの存在がそこにいた。

「これは、もうこれ以上、起こる必要がありません。私たちには、そうすることができるんですよ」

続けて彼は、こう言った。

「この問題に取り組もうと思うのなら、あなたは問題の本質に目を向けなければ。問題の本質は、あなたが歪んだ見方で現実を見ている、ということです。彼らがあなたを追いつめているのではありません。もちろん私たちも、あなたを追いつめてはいない。あなたは、これまでずっと彼らから、そして私たちから逃げてきました。あなたは、これまでずっと恐怖心を抱いて私たちに対応してきたのです。あなたは、ベトナムで起こった現実を認めなければなりません。またあなたは、私たちがあなたを手助けできるよう、私たちの実在を認めなければなりません」

彼らはとても堅苦しく、格式ばった言語を使った。彼らのテレパシーによる意思疎通は、時代がかっていて、古代もしくは中世の英語表現を多く使うものだったんだ。それから、象徴やたとえ話を使うことも多かった。

人生で最も大きな二つの恐怖が、袋小路で自分を取り囲んでいる――。そこから逃げることはできないと悟った私は、その存在に聞いた。

「どうすればいいんだ？」

「あなたは、私たちがあなたを手助けできるよう、私たちの実在を認めなければなりません」

「それには、どうすれば？」

「簡単なことです。人間は、手で触ることができるものの実在を認める。だから、あなたも私たちの一人に触ればいい」

正直言って、それは私にとって〝簡単なこと〟ではなかった。彼らの外見について、否定的な意味合いがある「爬虫類的」という言葉は使いたくないが、これは彼ら自身が使った表現でもあるんだ。

彼らは爬虫類ではないが、自分たちについて「哺乳類よりは爬虫類に起源をもつものに類似した種と、より共通した生理学的特徴をもつ」と語っている。私にも、彼らは爬虫類と哺乳類、両方の特徴を合わせもつように見える。

その存在が、手を私のほうに伸ばして、言った。

「さぁ、私たちの実在を認めようとするなら、触れてみなさい」

抵抗はあったが、終わりのない悪夢よりはましだ。そう考えた私は慎重に、その存在と目を合わせないようにしながら、手に触れた。

――その瞬間、輝く光が炸裂した。と思ったら、私はアパートの真っ暗な居間にいる自分に気づいた。そこには誰もいなかったし、何の痕跡もなかった。

それでも、起き上がり、明かりを点けると、何かが違っていると感じた。どこが違うのか、気づくのに数分かかった。違っていたのは、自分だった。あのＰＴＳＤの憂うつな気分が消え、気持ちがとても晴れやかだったんだ。

そのまま私はベッドに行って、深い眠りについた。悪夢を見ずに一晩ぐっすり眠ったのは、十五年ぶりのことだったよ。


これが、一九八九年九月十四日のことだ。以来、悪夢は見ていない。不思議なことに、ほとんど同時に皮膚病も良くなって、一週間で症状が消えていた。それから再発することもなかった。

変化はそれだけじゃなかった。あの体験以来、物の見方が根底から覆されたように、世界観が変わっていたんだ。

私は定期的に、あの存在と交流することも始めた。以前の交流には恐怖が付きまとっていたし、嫌いなものが自分の人生に土足で踏み込んでくるような感じがあった。でも、世界観が変わった今、彼らとの交流もポジティブなものに変わり始めている。

この存在たちは、サイキック能力、体外離脱、ヒーリングなど、彼ら自身がもつ様々な能力を、私に教えてくれるようになった。彼らによると、人間にも同じような先天的能力があるのに、ほとんど未開発のまま眠っているんだそうだ。その能力を目覚めさせ、ヒーリングをはじめとする個々のテクノロジーに応用する方法を、彼らは教えてくれているんだ。

好奇心旺盛な私は実際に試しながら学び、サイキック能力をずいぶん向上させたよ。彼らの教えは詳細で、とても理に適ったものなんだ。

そうして私は、色々なことを体験するようになった。なかには、こんなこともあったよ。その存在たちの一人が私の心の中に何度も執拗に浮かんで、午前二時か三時頃に目を覚ましたんだ。「あなたは、このイメージを描く必要があります」と言われたから、画家でもないのに夜中、猛然とスケッチブックに向かった。驚いたよ。ほんの一時間で、立派な作品を描き上げてしまったんだから。芸術的な能力も含めて、眠っていた色々な能力が引き出されているのかもしれないね。

あの存在たちのテクノロジーの多くは、様々な結晶体のエネルギー場を操作することで成り立っているらしい。

遭遇の翌年に、私は彼らによって、ある水晶の鉱床に導かれている。バージニア州北部の、ある場所をテレパシーで示されたんだ。私はその場所に出かけていって、指示通り、干上がった小川の川岸を掘った。そこで、何百もの水晶の鉱床を見つけたんだ。なかには相当大きな水晶もあったよ。

私は、これまでも人生の大部分をバージニア州北部で暮らしてきた。岩石を収集したこともあったからわかるんだが、彼らに案内されたのは、かなり奇妙な鉱床だった。普通は岩の中に埋め込まれているのに、青緑の粘土質の物質に埋まった水晶が、岩盤の裂け目にどっさりあったんだから。

私は五百を超える水晶を回収し、家へ持ち帰った。それからだよ、よく〝夢〟を見るようになったのは。一応〝夢〟と呼んでいるが、実際にはよくわからない。その〝夢〟は変性意識状態でよく起こり、その意識状態——つまり〝夢〟のなか——で私は彼らから、結晶体に関連するテクノロジーを教わっている。

彼らは、ヨーロッパ人の到着以前、数千年にわたってアメリカ先住民と交流していたという。その時期に、こうしたテクノロジーの初歩的な知識を、アメリカ先住民に教えていたというんだ。その存在たちはよく「記録資料による裏付け」も提供してくれる。このときも、「アメリカ先住民の伝承やヨーロッパ人が残した初期の文献を研究すれば、彼らがこのテクノロジーを使っていたという事実の具体例・証拠を見つけることができる」と言っていた。実際に調べたら米国東部の塚跡で、埋葬されていた異常に大きな骨格の骸骨とともに、大きな水晶が掘り出された事例があったよ。

〝夢〟のなかで、私が採掘した水晶を、必要とする人々に渡すように指示もされた。「本人が求めてくる」と彼らは言っていたが、その通りだった。おそらく彼らが必要な人に、情報を伝えているんだろう。これまでに、全米で数百個の水晶を譲り渡してきたよ。

私はその人たちに、これがどうやって入手した水晶で、どう活用すべきものか、教えられた通りに伝える。何より、水晶が〝魔法のランプ〟ではなく、一種の増幅装置であることを、ちゃんと理解されるように説明しなくてはならないんだ。

水晶のエネルギー場と自分自身のエネルギー場を同調させることで、人はもともともっていた先天的能力を増幅させることができる。そうすることで、例えば体外離脱、テレパシーによる意思疎通、ヒーリング、治療目的のエネルギー移動などができるようになるんだ。

エネルギー移動を起こす水晶の使い方はマスターしたから、私自身も時々、助けを求めてくる人たちにヒーリングを行っている。

例えば、親友のメラニー・グリーン（第六章参照）は、様々な肉体の問題をかかえていた。片頭痛で苦しみ、エネルギー欠乏状態に陥ることもよくあった。また彼女は胆のうに問題があって、手術を受けることになっていた。どの場合も私は、エネルギー移動によるヒーリングを試みた。その結果、彼女は今も手術をせずに済んでいるんだ。

でもこれは、私がしたことじゃない。私はただ、あの存在に教えられた方法を使って、必要としている人にエネルギーを移動しただけ。だから、もしそこで癒しが起こったとしたら、それは彼らがもたらしたものなんだ。彼らは、私がやっていることを全部知っている。だからきっと、あのヒーリングもすべて、彼らが手助けしてくれているんだと思うよ。


最初に話したように、幼い頃から、私には多くの遭遇体験がある。それは全部、意識がある状態で起こり、忘れようとしても忘れられないことだった。

一九六四年、私が十五歳のときには、こんなこともあった。あの存在たちが私をどこかへ連れて行くために、その晩やって来ると告げた。死ぬほど怖かった私は三人の兄弟に相談し、兄弟たちと隠れて、やって来た宇宙船を見ていた。どう見ても本物の宇宙船を三十分ほど観察してから、兄弟は警察や地元のラジオ局に通報した。だからその地域には、ほかの目撃者も存在するんだ。

私は何度となく遭遇を体験しながら、それでも懐疑的であり続けた。人に聞いた話なら、なおさら簡単に受け入れるようなことはしない。私は徹底した現実主義者なんだ。

一九八九年の遭遇によって、長年の苦痛と恐怖に満ちた生活が、ほとんど瞬間的に癒された――。それだけの奇跡を現実に自分の人生で体験して、初めて私は、そのリアリティを認めざるを得なくなったんだ。

それでも私は彼らが存在することを認めただけで、彼らが語る内容を全面的に受け入れたわけじゃなかった。私は起こっていることを盲目的に受け入れ、信じるタイプの人間じゃない。だからそれ以後も、常に懐疑的だったつもりだ。しかし、彼らがやっていることの〝成果〟を認めないわけにはいかなかった。あんなにも多くの人々を助けている彼らの情報を、私のところでストップさせるわけにはいかない。そんなことは罪悪感なしには、とてもできないことだからね。

今思えば、最初から彼らはずっと、このために私にアプローチを続けていたんだろう。彼らは私を通して、彼らの存在について、そして人類の利益になる情報について、人々に伝えて欲しかったんだ。

彼らは多くの人々と直接、物理的にコンタクトすることはできない。そんなことをしたら私たちがどう反応するか、彼らにはわかっているんだ。私たち人間はみんな、恐怖の中で生きているから。そして、慈悲深い彼らは、私たちに恐怖を与えたくないと思っている。

もちろん、私だけじゃない。私たち遭遇者に〝使命〟があるとしたら、そんな彼らとの交流を、人類全体が理解していけるよう、多くの人々に伝えることだろう。一般に「被誘拐者」と呼ばれる遭遇体験者を通じて、少しずつこの計画は進められているんだと思う。*

ある慎重な計画に基づいて、私たちは今、少しずつ別の進化した文明に接し始めている。つまり、人類全体が今、別の文明と接触する準備を進めつつあるんだ。

＊原注＝ETとの遭遇体験者は、不本意な〝被害〟を意味する「被誘拐者」という言葉でくくられることが多い。しかし、私が会った体験者に、遭遇を〝被害〟と捕らえている人はいなかった。

私には、彼らがいきなり公然と姿を現さない理由がよくわかる。それは人類にとって強烈すぎるし、良い結果をもたらすとは到底思えないからね。彼らの慎重なやり方は、理に適っていると思うよ。

あの水晶にしても、持つことで彼らとのテレパシー能力が高まるのは間違いない。私だけでなく、水晶を受け取った多くの人が、あの存在たちの明瞭で鮮明な〝夢〟を見るようになったと報告してくれているんだ。そうやって交流を進めることも、彼らの目的の一つなんだろう。

彼らはこうした交流のなかで、私たちに共通のメッセージを伝えてきている。これは水晶を渡した人々だけでなく、多くの遭遇体験者も受け取っているメッセージなんだが、彼らは口をそろえて「変化することが必要だ」と言っているんだ。これが広く、人類全体に向けられたメッセージであることは間違いない。あの存在たちは、人類の変化、変容をサポートする目的で地球に来ているんだと、私は考えている。

私自身、彼らとの遭遇、そして交流によって、大きな変化・変容を経験してきたように思う。長い道のりだったが、やっと彼らが伝えようとしてきたことが理解できるようになったよ。

私だけでなく、ほとんどの人間にとって、彼らとの意思疎通における最大の障壁は恐怖なんだ。人間は、自分のなかに巨大な恐怖の貯蔵庫をもっている。未知のもの、馴染みのないもの、危険かもしれないものから自分を守るために恐怖の固まりとなって、そのせいで歪んだ見方をするようになる。この恐怖から自由になることさえできれば、誰でももっとスムーズに、彼らと交流できるはずなんだ。

ただし、宇宙のすべてが平和と愛に満ちているわけじゃない。あの存在も、〝闇の連合を形成している文明〟が存在する事実は認めている。邪悪な人間がいれば、そうでない人間もいるように、邪悪な地球外文明も存在するということだろう。彼らによると「〝魂をもつ〟すべての存在は自由意志と、その意志を行使する能力をもつ」のだそうだ。

この自由意志について、彼らは興味深いメッセージを聞かせてくれた。

……人間が自由意志を行使するには、まず自分に自由意志が与えられている事実に気づく必要がある。もし人間が自分を〝無力な犠牲者〟と見なすなら、ただ恐怖に突き動かされて行動することになる。そうなれば自ら闇の連合を形成するエネルギーに入り込み、そういった存在のなすがままにされるだろう。すでに闇の存在やエネルギーを体験しているなら、自由意志を行使することを思い出しなさい。自由意志は蹂躙できない——、それが宇宙の法則だ。しかし、人間には自らの自由意志を投げ出す自由も与えられている。〝無力な犠牲者〟になることを選び、選択の自由を相手に与えれば、いくらでも闇を体験することができるのだ、と。

これこそ、私がPTSDに苦しんだ日々に体験していた悪夢の、核心だった。あの存在が悪夢を取り除いてくれたのは、一つの実地教育だったんだろう。〝無力な犠牲者〟が恐怖から逃れることはできないのだ。恐怖とは、犠牲者であることをやめて向かい合い、乗り越えるべきものなんだ。いったんそうやって乗り越えてしまえば、恐怖は人をもてあそぶ力を失う。私は実にリアルなやり方で、この教訓を学んだわけだ。

なかには、ある種のETと好意的とは言えない遭遇、恐ろしい体験をした人もいるだろう。しかし、こうした体験の多くは、起こっていることを理解できない人々が、恐怖から〝無力な犠牲者〟となることで生じているのではないだろうか。

少なくとも、私の幼い頃の体験はそういうものだった。他人の体験を代弁することはできないが、これだけは言わせてほしい。私にしても、これらは長く困難な道のりの結果、かろうじて理解するようになったことに過ぎない。しかしそれは確かに、私の物の見方、人生観、人生のすべてを一変させたんだ。

＊　＊　＊

好奇心にかられて、私はロンに水晶の一つをもらった。彼がくれた水晶は小さな紫色の小片で、ニューエイジ・ショップでよく売られている水晶とは全々違って見えた。その小さな水晶をビニールの小袋に入れて枕の下に押し込むと、私はそのことをすっかり忘れた。

それから数週間というもの、私の見る夢は異常に鮮明で、「本物よりも本物らしい」と言えるものだった。夢のなかで、私は何人かの奇妙に見える存在とも交流した。

あるとき、やっとロンの水晶のことを思い出し、枕の下から出して事務所に持って行った。それ以降、「本物よりも本物らしい」夢を見ることはなかった。水晶はその後、病気の友人にプレゼントして、もう私の手元にはない。

第六章　からだを横切る垂直光線

メラニー・グリーン――胆のう機能不全の治癒

メラニー・グリーンは三十九歳の女性で、夫と幼い二人の子どもとバージニア州北部で暮らしている。看護婦の経験もあるが、現在は体験者支援グループでネットワーク活動をしながら、カウンセリングの修士号取得を目指して勉強している。

快活で外向的なメラニーは勉強、母親業、体験者支援のボランティア活動で忙しく、なかなかインタビューの時間がとれなかった。しかし、やっと聞けた彼女の話は、医療分野での経験があるだけに非常に詳細で、興味深いものだった。

＊　＊　＊

長い間、私は二つの世界を行き来する旅を続けてきたわ。そしてこの八年間、これら二つの世界を和解させ、二つの道を合流させるための努力を重ねてきた。そうすることで、「自分がどこにいるのか」「これからどこに行こうとしているのか」を、学ぼうとしてきたんだと思うの。

私が知っているもうひとつの世界については、実際には、子どもたちの話を聞くまで忘れていた。と言うか、忘れてしまった夢のように、それは私のなかで眠っていたの。

一九八六年にまず、二歳の息子が、暗い夜空から窓を通って部屋に入ってきた〝存在〟の話を聞かせてくれた。その話は私自身が子どもの頃に何度も見た夢と、身震いするほどそっくりだったわ。

娘はこの訪問者について、息子よりたくさんの話を聞かせてくれた。そして好奇心が旺盛で、あの〝存在〟をちっとも怖がっていない娘のおかげで、私も少しずつ過去の記憶を辿っていく勇気がもてたの。こうして一九九〇年までの間に、私は眠っていた〝夢〟を呼び覚まし、それを〝記憶〟と呼べる程度の強さは身につけていたわ。

二つの世界に住むことは、ピースのうちの半数が塗りつぶされたジグソーパズルを組み上げていくのに似ている。全体の図柄がわからないから、できるだけ明るい光のなかで一つひとつのピースを拾い上げ、闇でなく光を、恐怖でなく癒しを、そこに見出そうと格闘するのよ。

そして私は、ETとの遭遇体験を共有する仲間たちに、ずいぶん希望の光を見出してきた。彼らとの深い結びつきは、体験それ自体と同じくらい魅力的なものだと思っているの。

仲間のロン・ブレビンズ（第五章参照）は、「創造的エネルギー」とETたちが呼ぶエネルギー交換の方法を、私に教えてくれた。ロンはまた、このエネルギーを癒しの力に応用して、実際に私の症状を解消してくれたこともあるわ。一九九六年に起こった胆のうの機能不全の治癒も、たぶんロンが橋渡ししてETが癒してくれたんだと思う。

一九九六年の年初から、私は何かを食べるたび、腹部の右上部周辺に激痛を感じるようになっていたの。二人の子どもの妊娠中に胆のう障害を体験したけど、出産後はおさまっていたから、七年間は何の問題もなかったのに。その冬から痛みが断続的にやってくるようになって、春には、常に激しい痛みがあるような状態に陥っていたわ。脂肪分を含まず、胆のうに負担をかけない食べ物であっても、食べると痛みが数時間続くの。辛いから当然、食べなくなって、どんどん体重が減っていった。

その春、病院へ行って検査を受けると、胆石はなかったけれど、肝臓に腫瘍*が見つかった。だから、さらに検査することになって、肝臓の血流を調べるべく放射能スキャン*を受けたの。この放射能スキャンの結果、「腫瘍は、治療を必要としない良性の血管腫である」という診断がくだされた。

*訳注＝放射性同位元素を加えた溶液を注射して、腫瘍への血液供給を確認する画像を撮る検査。

*原注＝新生血管の集合体から成る非ガン性の腫瘍で、出生の際に骨や肝臓を含むからだの様々な箇所に生じることがある。

消化器系の専門医は、「腫瘍の問題でないとしたら、おそらく何らかの機能不全だから、胆石がなくても胆のうを切除しなければ」と言ったわ。胆のうに〝おり〟が詰まっている疑いがあるとかで、また別の高価な、うんざりする検査を受けるよう指示もあった。その検査の後、手術室に送られる予定だったの。

私はもちろん、手術を受けるしかないと思っていた。だって食べ物をほんの一口食べても痛くなるし、水をちょっと飲んだだけで痛みが走ることさえあった。絶えず付きまとう苦痛に疲れ果て、とにかく心もからだも崖っぷちに追い込まれていたから。

そんな時期だったけど、五月の最初の週末には、どうしても出かけたいところがあったの。サウスカロライナ州で行われる、あるＵＦＯ〝誘拐〟事件の調査会議に出席したかったのよ。家族は私のからだを心配して反対したけど、どうせどこにいたって痛みは変わらないんだから、どうしても行きたかった。何より、その週末に誕生日を迎えるロンといっしょに旅をして、彼を祝ってあげたかったのね。

でも、症状があんまりひどかったら、やっぱり旅行は無理ということになる。それでロンに相談したら、ロンが「ＥＴたちに話してみる」って。そう言われても私は「ぜひよろしく」とは言えなかった。まさか彼らが私の病気を何とかしてくれるなんて、思ってもいなかったから。

一九九六年五月二日。出発の前日に私は、スーツケースに荷物を詰めて早めにベッドへ入った。ちゃんと睡眠をとって、少しでも痛みを抑えたかったの。そうしたら夜中に、私は自分の大きな寝言で目を覚ました。

「わあ、素敵。もう胆のうを取らなくてもいいのね！」

あんまり突拍子もない寝言に、おかしくなって笑っちゃったわ。ベッド脇の時計を見ると、三時二十五分だった。それで、また眠りについたの。

ところで、〝被誘拐者〟と言われる遭遇体験者たちにとって「午前三時」が特別な時間帯だということはご存知？　なぜか、私たちの多くは午前三時十五分から三時半の間に目を覚ますことが多いの。不思議な話だけど、この報告はアメリカだけじゃなく、世界中の〝被誘拐者〟から寄せられているわ。だから私たちは、その時間帯に〝誘拐〟から戻されるのだと信じてるのよ。

翌朝早く、私たちは出発した。何しろサウスカロライナ州の会議場まで、約八百キロもドライブする必要があったから。道中、なるべく痛みを意識しないで仲間と豊かな時間が過ごせるよう、朝食と昼食は摂らなかったわ。でも午後三時頃にはどうしようもなく空腹になって、食事した。これからの時間は、いつもの痛みで台無しになるだろうとわかっていながら、ね。

七時間後、会議が開かれるホテルの部屋に到着して、ハッとした。そんなに時間が経ってから、初めて自分が痛みを感じていないことに気づいたの。その瞬間、前夜のことを思い出したわ。午前三時二十五分に目を覚ましたこと、手術しなくて済んだと寝言を言っていたこと……。信じられないけど、私の胆のうはゆうべ「治された」のかもしれない。

そう思っただけですっかり興奮してしまった私は、仲間を誘って隣のハンバーガーショップに繰り出したの。そこでいちばん脂っこいベーコンチーズバーガーを食べたけど、やっぱり痛みは来なかった。私を六か月以上にわたって苦しめてきた症状が、全く突然、完全に消えていたのよ！

会議から戻ると、私は残っていた検査と手術の予約をキャンセルしたわ。医者には「痛みが消えたから、その必要を感じない」で押し通した。私は、ETたちが治してくれたと確信していたから、自分が信じていることを医者に話す勇気があれば良かったんだけど。

それにしても、なぜETたちはこのタイミングで、私を癒したのかしら？　考えられるのは、その週に行われた放射能スキャン検査のこと。あの検査のせいで、私の体内には放射線が残っていた。それをいつもの〝誘拐〟の最中に検出して、彼らは私に尋ねて、手術が近いことを知ったんじゃないかしら。もちろん、ロンから相談を受けたETが私を治した可能性も高いと思うわ。彼らが善意で治してくれたのか、それとも医学的な手術という形で〝実験標本〟が干渉されるのを防ぐためだったのか、それはわからない。どちらにしても、彼らには私の健康を保っておく理由があったんだと思う。その理由が何であれ、私には文句なんてないわ。

時々私は、自分のちょっとした健康上の問題が、〝誘拐〟に起因するように思うこともあるの。私には慢性的な頭痛や疲労感があるし、まだ若いのに記憶力にも自信がない。もし〝誘拐〟が繰り返されているとしたら、そのストレスが健康に望ましくない影響を与えているのかもしれない。でも、たとえそうであったとしても、ETたちが私のために〝誘拐〟しているのは間違いない。そう確信してるの。その背後にある動機までは理解できないけどね。

それから、一九九一年にはこんなこともあったわ。その春、私は子どもたちを車で学校へ送る途中、追突事故に遭ったの。幸い子どもたちは無事だったけど、私は首と膝を痛めてしまった。

でも数回カイロプラクティックに通って良くなったと思ったから、その費用だけで事故に関する保険請求を決着させたわ。

ところが、症状は数か月後にやって来た。右膝に痛みを感じ始め、ときにはそこが固まって動かなくなったり、歩くことが辛くなってきた。自動車事故の影響で右膝の軟骨が緩んだらしく、手術が必要になりそうだった。保険会社に手術代を請求するのは大変そうで、頭を抱えたわ。

でも結局、その心配は不要だった。整形外科医の予約もとらないうちに、膝の痛みが突然、消えたの。後に残ったのは、膝の裏側にできていた直径六ミリくらいの真ん丸の瘢痕《はんこん》だけだったわ。

このほか、ETによる癒しを受けた記憶が実際に残っているケースもあるのよ。これは夢や催眠状態で思い出したものではなく、目覚めているときのヒーリング体験だった。たとえば、一九九三年の秋のこと。背が高くて、かすかな光を帯びたETが、私をいつものように連れて行ったわ。

彼らは時折私を〝誘拐〟するETで、はっきり見ることができない存在だった。大気中に、かすかな光の集合体として出現するエイリアンなの。私よりはるかに背が高くて、身長二メートルちょっとあったと思う。とっても親切なんだけど、いかめしくて、ちょっと堅苦しい印象がある。たぶん、ロンが話した存在と同じなんじゃないかしら。彼らが私を傷つけないことはわかっているから、怖くはないけど。それでも、〝誘拐〟中は、望まない状況に陥ったときのような苛立ちを感じることも確かにあった。

このときは、気づくと私はテーブルの上に座っていた。二人のETが、ちょうど回診中の医者のように、私について話し合うのを見ていたの。声を出して話しているわけではないけど、彼らが話していることはテレパシーではっきり理解できたわ。人間の医者と同じように、彼らも私がそこにいないかのように話し合っていた。もっとも、私がテレパシーで聞いていることも彼らはわかっていたのだろうけど。

そのうちに一人のETが私のほうを向いて、手振りで胸を示した。するとどこからともなく垂直な光線が現れ、胸の位置で私のからだを横切ったの。私は驚いて跳び上がったけど、実際には何の感覚もなかった。ETがまた違う動作をすると、今度は水平な光線が現れて、最初の光線と交差するように、再びからだを横切ったわ。

その光線は、浮かんでいるガラスのシートのようにも見えた。プリズムのように様々な色が内側から明るく光って、角度によっては虹のようにキラめいている……。うっとりすると同時に、怖いような感じだったの。

突然、私の片方の乳房が、からだから空中に浮かび出た。それは透明で、非常に精密な立体断面画像だったから、私は思わず大声を出したわ。だって私の目の前に、私の乳房のホログラフィー的模型が浮かんでいるんだから！　すると次に、ホログラフィーの真ん中で、小さな光の斑点が輝いた。背の高いETがもう一方に、「これはまだとても小さい。彼女はここにあることすら知らない」と話し始めた。

……そこで記憶は途絶えているの。〝誘拐〟の最中に私が興奮したり不愉快な状態に陥ると、ETたちは彼らと私自身を守るために何らかの〝スイッチ〟を切って、私を大人しくさせるみたい。それでも、この記憶は私の心をかき乱したわ。なぜなら、ETたちが私の乳房に初期の腫瘍を発見したことは明らかだったから。

当時私はまだ三十四歳で、乳房にしこりを感じたこともなく、担当医が乳房のX線像を撮ろうと言うはずもなかった。かと言って、医者に「ETが小さな腫瘍を発見してくれたんですけど……」と相談する気にも到底なれない。だから私は何の行動も起こせないままに、ぐずぐずと数週間あまり、眠れない夜を過ごしていたの。

そのうち、奇妙なことが起こり始めた。私の胸に、〝印〟が現れ始めたの。〝誘拐〟の記憶がないまま、ほとんど毎日のように右の乳房周辺に、新たな印が増えていく。それは直径が約十ミリで、小さな火傷《やけど》跡、もしくは蚊が刺した跡のように見えなくもなかった。時々赤くなった印の中心に、針の跡のような刺し傷が生じていることもあった。乳房だけでなく、ある朝目覚めると、眉毛のすぐ下の左まぶたに針で刺したような穴ができていたこともある。片腕の内側に、血を抜き取られたような針の跡を発見したこともあるわ。

〝被誘拐者〟の仲間から類似した体験談を聞いたこともなかったので、私はとても動揺した。でも一方で、どこかホッとしていたの。何が起こっているかわからないながらも、ETたちが治療してくれているように思えたから。からだに出現した印は、その証明のような気がした。それで証人になってもらおうと、当時はずいぶん大勢の人に乳房の印を見せていたのよ。

三十五歳になってから、機会があって乳房のX線像を撮ったけど、結果は正常だった。四十歳になる今年、二回目の乳房X線像を撮りに行くつもりよ。今度も「異常なし」だといいんだけど。

というのは去年、私の叔母が乳ガンで亡くなり、母も一九九七年に乳腺腫瘤《しゅりゅう》を摘出しているから。一九九三年当時は、うちの家系がこんなに乳ガンになりやすいとは思ってなかったわ。その実態がわかった今では、ETたちに本当に感謝してる。私はあの背の高いETたちが、右乳房の早期ガンを発見しただけでなく、治療もしてくれたんだと無条件で信じているのよ。

一九九四年には、私のホログラム体験について、ある著名なUFO研究家と話し合う機会があったんだけど、彼によると、ホログラムを見せられたと報告する〝被誘拐者〟は、ほかにも大勢いるらしいの。その人たちも私と同じように、エイリアンの診断・治療を受けたと確信しているそうよ。

それから、最近になってホログラムがある種の診断及び手術方法として、医学界で導入され始めたことも、私はとても興味深く思っているわ。

それにしても、〝誘拐〟現象は本当に底が深くて、複雑なものなんだと思う。私が体験したヒーリングにしても、〝誘拐〟のある側面、氷山のごく一角に過ぎない。この地球で進行していることの背後には、もっと深遠で、未だ知られざる目的が存在するんだと思うわ。そしてそれは、現段階では私たちの理解を超えているのよ。彼らの目的はきっと私たちにとっては、〝異質《エイリアン》でなじみのない〟ものなんだわ。

私はそんなETたちに、尽きない疑問を抱いている。教えてほしいことが、本当にたくさんあるの。なかでも、〝誘拐〟体験によって私にもたらされた意味深い変化については、それがなぜなのか、何のためなのか、知りたいと思っているわ。

今や私の共感能力は、劇的に増大しているの。私が誰かの話に耳を傾けると、耳で彼らの言葉が聞こえるだけでなく、彼らの感情まで感じられる。それも彼らの感情が私の中に飛び込んできて、まるで私自身の感情みたいに、生々しく感じることができるのよ。

私はETとの遭遇体験を認め、この人生で二つの道を合流させる旅を始めてから、順調だったセールスの仕事を辞め、カウンセリングの学位を目指して勉強するようになった。それが何なのかはっきりと言うことはできないけど、今の私には確固たる使命感があるの。人生のあらゆる面において、ある究極の事態に備えて一歩踏み出している……という感じなのよ。

最近は「どうしてもやらなくちゃいけない」という強い思いにかられて、従来の医学とは違う型破りなヒーリングの手法と、心身医療も研究してる。なぜそうしているのか、自分でもよくわからないけど、その理由はいずれ近いうちに明らかになると思う。その日の到来を望むべきか恐れるべきか、私にはよくわからないけど。

それでもETとの遭遇体験者たちの共同体を思うと、私のなかで将来への期待が高まってくるの。ETたちの動機は明らかではないものの、遭遇体験者たちは互いに対する自分の意図が善意で真実のものであることがわかっている。「ETとの遭遇体験は良いこと」か「悪いこと」か、その意見の相違さえ棚上げにすれば、共同体を建設する、豊かで実り多い土壌がそこにあることは間違いないわ。私たちは互いの見解を押し付け合うのではなく、ここで個々の体験の信ぴょう性を受け入れ、意見の相違に寛容になることを学んでいるんだと思う。

ＥＴと遭遇したことがある人は、多くの場合、社会のなかで強い孤立感を覚えるようになる。私は何百人もの体験者と話したけれど、自分の体験を肯定的にとらえている私たちも含めて、大半の体験者たちの生活で最も辛いのは、この孤立感と言ってもいい。だからこそ自分の遭遇体験について話し合える他人を見つけたとき、体験者たちはまるで「やっと我が家に帰った」ように感じるのよ。

ＥＴとの遭遇体験をもつ私たちは、〝それだけが唯一の現実と信じて育った世界〟の喪失を体験している。自分の人生が実は全く違う二つの世界にまたがっていると気づいたとき、存在の深い危機に悩み、新たな世界観を構築せざるを得なくなっていくの。

遭遇体験者がともに集まるとき、私たちの孤立は終わる。そしてともに二つの世界を和解させ、世界の裂け目を埋めながら、互いの癒しを支援し合う。これこそ、私たち体験者たちが集まるときに生じる魔法なのよ。

第七章　ETは善意に満ち愛情深い

ナン・クーパー——鼻中隔偏位と子宮形成異常の治癒

ナン・クーパーは四十代後半の女性で、アリゾナ州パインで夫とともに〈プラネタリーハート出版〉という出版社を経営し、ニューエイジおよび霊的文学、音楽関連の書物を刊行している。本書の企画を耳にして、ナンは彼女自身のETによる癒し体験を綴った、長い手紙を送ってくれた。多くの体験者たちとは異なり、ナンには様々な身体的問題を相談する特定のETが存在する。彼女の話はとても魅力的で、その取り組みはかなりユニークなものだった。

＊　＊　＊

私はETとのコンタクトに関わるヒーリングを、何度か体験したと信じているの。だから、このテーマには長いこと関心をもってきたわ。

最初に、私の個人的な健康上の問題について、話しましょう。一九八〇年にパパニコロー検査を受けた結果、私の子宮頸部には形成異常があることがわかったの。その後六か月にわたって何度か再検査を受けて、そのたびに状態が悪化していることもわかった。婦人科医にも「このまま放置しておくと、数年以内に本格的なガンになるだろう」とほのめかされたから、子宮頸部の異常細胞を切除する手術を受けたわ。でも、医者はそれでは不充分と考えて、部分的な子宮摘出手術を強く勧めてきた。

そこで私は、ある若い女性チャネラーを訪ねたの。彼女はエドガー・ケイシー*のようにうつぶせに寝て、私の健康リーディングを行ってくれた。そのリーディングによれば、私の体内にガン細胞は存在せず、今後も存在することはないだろう、ということだった。だから私は手術を断り、健康診断を頻繁に受け続けることにしたの。この体験によって、人生の様々な側面を見直すことにもなったわ。

＊原注　エドガー・ケイシー＝アメリカの優れた霊能者として著名。睡眠トランス状態で医療から予知に至る幅広いリーディングを行った。

もうひとつの健康上の心配は、慢性的な副鼻腔の障害だった。それは、一九七二年にちょっとした事故で鼻を傷めたことから始まったの。その事故をきっかけに数年後、重大な鼻中隔偏位（訳注＝鼻中隔湾曲症とも呼ばれる）が生じ、絶えず副鼻腔が腫れ、鼻水、頭痛に悩まされるようになって……。抗ヒスタミン薬の常用でかろうじて働ける、というくらい、一時はひどかったわ。ただ、それからしばらく電気鍼療法に通って症状が改善され、何年かの間は副鼻腔の障害にそれほど悩まされずにすんだのだけど。

でも、一九九〇年にオハイオ州で歯科医から、私の鼻中隔偏位と、副鼻腔が完全に詰まっている状態を示すレントゲン写真を見せられた。症状が落ちついていただけで、良くなったわけじゃなかったのね。

その後一九九三年に、私は夫とアリゾナ州フラグスタッフとセドナの中間にあるマンズ公園を訪れ、秋から翌年の冬までの間、そこに滞在して出版業を学んだ。そこでは薪を燃やすストーブが暖房源だったから、いつも煤を吸っていたんだと思う。私は五か月の間、ずっとひどい鼻水に悩まされたわ。

でも、私がアークトゥルス星人*と遭遇体験するようになったのは、この頃だったの。私はETに関する本を読みあさるようになり、たまたま隣に住んでいたUFO研究家の夫婦にも話を聞いたわ。彼らが持ち出す〝確固たる証拠〟というものには、あまり関心をもてなかったけど。

＊原注＝アークトゥルスは、地球から約三十六光年離れた牛飼座の最も明るい星。この星から来たアークトゥルス星人は、〝人間が無意識の領域を意識的に自覚することによって自己変容を遂げ、霊的に進化・向上できるようサポートしている〟と信じられている。チャネラーを通して、アークトゥルス星人は次のようにも語っている。「私たちはあなた方を救出するために、ここにいるのではありません。あなた方が自らのヒーリングエネルギーを高め、増幅するのを手助けするために、ここにいるのです」。インタビュー後、ナンは彼女とともに働いているETヒーラーの一人が、アークトゥルス／アンドロメダ星人（アークトゥルス星人とアンドロメダ星人の結合により生まれた子）だったことが判明し

たと知らせてくれた。アンドロメダ星雲は、地球から約二百二十万光年離れたところにある銀河系で、私たちの銀河系に最も近い。

セドナは、あらゆるUFO活動が活発な地域として知られている。いわゆる〝闇の側の存在〟もいるでしょうし、その種の体験も存在するでしょうね。でも、私はそういうことを自分自身の現実とは考えていないの。私は、この世界には複数の現実が同時に存在すると確信している。よって、ETを〝邪悪な〟存在と見なす人々の現実と、私の現実とは同時に存在するものの、相容れないものだと考えているのよ。

つまり、私は自分で自分の〝現実〟を選んでいる。その現実とは、「ほとんどのETは善意で愛情にあふれた、誠実な存在。彼らは進化したテクノロジーをもち、肉体・精神・感情、そして魂の癒しをサポートするため、その体験を望む人類との間に素晴らしい交流を築き上げている」というもの。私は彼らをそういった、卓越した存在と見なしているのね。

同時に、〝誘拐〟事件に関わるETたちについては、こんなふうに考えている。種の存続のため、自分たちの頑強な種を遺伝子的に創造するのが、彼らの目的なんだろうと。同意はできないけど、私には彼らの置かれている窮地がわかるような気がする。だからそういったETたちには同情を感じているわ。

私は光と愛のなかで生きることを選び、ETたちを善意の存在として見ることを選んでいる。そういう現実を選んでいるから、高い動機をもたないETたちが私を悩ませることはないと信じてるの。私は唯一、恐怖だけが、否定的なET体験も含めて、否定的な体験を引き寄せる……ということを知っているのよ。

あの、煤を吸い込んでいた五か月間にしても、確かにアークトゥルス星人は私を助けてくれていたんだと思う。おそらく睡眠または瞑想中に、私自身の同意を得て、彼らは何らかの処置をしてくれたんでしょう。というのは、あの頃どうしても治らない痛みが鼻の奥の内側にあって、まるで何かが処置のために挿入されているとしか思えないのに、実際には何も見えなかったから。でも、私のなかに恐れはなかった。私はただ、愛情深く善意にあふれるアークトゥルス星人との絆を、信じ続けていたの。

そして一九九四年の春、私が夫とオハイオ州に戻ると、私の副鼻腔はぐんぐん良くなっていった。そしてまるで魔法のように、鼻の奥の痛みが消えたの。アリゾナ州でETが私の鼻に何らかの処置をしてくれたとしか思えなかったわ。

その後一九九六年に入って、私は再びパパニコロー検査でひっかかった。このとき私は、この状況には注意を払うべきだと直感したわ。それは、女性としての機能に関わる領域に真剣に取り組むべきだという、明確なメッセージだとしか思えなかった。抑圧された感情や考えを解放して、この領域を浄化するときが来たのよ。

そう思った私は、アークトゥルス星人たちとともに、強烈なイメージの視覚化を伴うヒーリングワークを行った。子宮頸部に意識を集中して、そこから不健康な状態をもたらした多くの抑圧された感情を解放したの。このヒーリングワークが完了したとき、自分が完全に回復したことがわかった。そして、もう二度とこの症状を体験する必要はないと直感したわ。

それから二週間後、再検査を受けると、やっぱり結果は「異常なし」だった。それ以降も検査の結果は正常。だから私は、アークトゥルス星人たちのおかげで、この領域が完全に癒されたと信じているの。彼らは、信じられないほど素晴らしい医者でありヒーラーなのよ。

それから同じ年の四月に、私は耳鼻科の専門医の診察予約を取った。数か月前から、副鼻腔の調子がまたおかしくなっていたの。うっとうしいから外科的処置を取ってもらおうと考えていたんだけど、診察の前夜に夢を見た。それは、耳鼻科の専門医が「悪いところはない」と私に告げる夢だったわ。

そして実際、医者はそう言ったの。「目立った偏位もなく、レントゲン写真を撮る必要すらない」「問題があるとしたら、アレルギーでは?」って。これには驚いた。一九九〇年には確かにレントゲン写真に私の鼻中隔偏位が写っていたのに、それがなくなっているなんて。当時、私は瞑想状態のなかで、一人の頼もしいETヒーラーを紹介されていた。そして睡眠と瞑想中に調整を受けていたから、たぶん彼が私の鼻中隔偏位を癒す手助けをしてくれたんでしょうね。本当に感謝してるわ。

この後、八月に、私はオハイオ州中部の真新しい小学校の図書館司書の職に就いた。私たちが職場のある町の郊外に引っ越すと、そこは農村地帯の真ん中だった。このことは、私たちが絶えず農薬（除草剤から殺虫剤までの化学物質）混じりの大気を呼吸することを意味したわ。その上、学校では図書館の本のすべてが新刊、建物からカーペットまで新品。とりわけ、本とカーペットはホルムアルデヒドで消毒済みということだった。

霊的な旅を生きるうちに、私は様々な毒性物質に、いつしか極度に敏感になっていた。それはたぶん、自らのバイブレーションが高まり、より明敏になっていったからだと思う。その頃にはもう、私はパーマをかけることさえできなかったのよ。

おそらく霊性が目覚めるにつれ、人は高いバイブレーションとエネルギーを受容するようになり、サイキックな感覚・視覚・聴覚がより鋭敏になっていくんだと思う。でも一方で、より低いバイブレーション、様々な毒性物質や否定的エネルギーに対しても、より敏感になっていくのよ。

私も十月には、ほとんど危機的状況に陥っていた。絶えず目がヒリヒリし、むずがゆく痛みもあり、赤黄色く充血している。目の下の皮膚は乾燥し、赤くなってシワもできたわ。こういった症状は、校舎を出て我が家周辺の農地から離れると、ほとんど消えてしまうものだった。

私は初め、従来の方法を試してみた。つまり、アレルギー検査を受け、三種類のアレルギー薬を服用したのよ。でも、どの検査も陰性だったし、どの薬も効かなかった。だから、春になる頃には、ETにヒーリングのサポートを頼んだ。ある女性のアークトゥルス星人ヒーラーを信頼して、環境中の毒性物質による目の障害を癒すよう手助けを求めたの。すると、症状はすぐに良くなっていった。このとき、彼らのヒーリングワークは私の睡眠中になされていることにも気づいたわ。

最近、私はこう確信しているの。ただ自分自身の内なる感情と直感に従うだけで、充分。そしてその内なる感情と直感に耳を傾けさえすれば、絶えず、正しい情報は与えられているんだって。目覚めて意識がある状態のときと同じくらい、私は瞑想中の変性意識、そして夢のなかでヒーリングを行っている。しかもこのヒーリングワークのほうが、はるかに長続きし、はるかに効果的で強力なの。それに、そうやって高次元の状態にいるときのほうが、普段の意識がある現実より、さらに現実的だと感じることも少なくないわ。

癒しは、私たちが進んで信じようとすることに、大きな関係がある。もし人が、これ以上その原因に影響を受けないとわかったら、そして症状を自分の現実の一部にしないと決めたなら、病気は存在し続ける理由を失うでしょう。からだって、実に驚くべきもの。からだは現実の中で人が抱く信念に応じて、癒えるものなのよ。

私と夫は長い間、地球で人類を助けているETたちの使者として働くことを望んできたわ。ETたちと私の関係は、深くて神聖なものだと思っているの。彼らは私の〃霊的な家族〃の最も重要なメンバーで、私は自分の起源も星々にあると強く感じている。そしてそのことに、深い安らぎを感じているの。

アークトゥルス星人は、個人および惑星の変容を手助けするために、単純な霊的諸原則を強調しているETグループの一つ。そしてこの地球という惑星のすべての人が今、それぞれのやり方で、変容し変わろうと努めている——私はそう信じているの。でも、自分自身の癒しの力に気づいていない人たちにとって、それははるかに遅々としていて困難なプロセスでしょうね。

それでも私は、多くの様々なETグループが私たちとともに、自然な癒しのプロセスを促進し、私たちが霊的に目覚め、本来の力を取り戻すのを助けてくれていると信じているわ。

一九九七年の十月、私たちはそこに永住し、私たちの出版社を設立するためにアリゾナ州に戻った。幸いなことに、副鼻腔の障害も気にならない程度で、アリゾナの環境に対する否定的な反応はごくわずかなものだった。

私はアークトゥルス星人に、彼らが私個人にしてくれたすべてのことに、心から感謝してるの。彼らは、私たちが霊的に目覚め、進化することをひたすら願っている、無欲で愛情に満ちたETのグループよ。完全に目に見える形で彼らと遭遇できる日を、私は心待ちにしているわ。

第八章　ガンの発病は魂に起因する

J・ディーン・フェイガーストローム――ET／霊的次元の存在とともに、生涯を健康に生きる

三人の子どもは全員成人し、夫人にも先立たれ、六十六歳のJ・ディーン・フェイガーストロームは、ニューヨーク州のパトナムレイクで一人暮らしをしている。ディーンはアメリカ陸軍に十一年間務め、ドイツに駐留中、妻のヘルガに出会った。軍務を退いた後、神学・音楽・数学・詩歌・写真撮影その他の幅広い研究に携わってきたディーンは、ニューヨークで執筆生活に入る。軍務で諜報部門に所属していた彼は、企業の機密保持にまつわる副業を営んでいた時期もあった。引退後の現在は、彼が〈アングリオン〉と呼ぶ霊界から提供された情報をまとめ、数秘学の本を執筆中だという。

南フロリダに暮らす息子の家に滞在中、ディーンは快く我が家を訪ね、陽の当たるテラスで濃いコーヒーを飲みながら、愛に満ちた遭遇体験の数々を語ってくれた。生涯を通じて、ET／霊的次元の存在との交流を楽しんできたディーンは非常に温和で、どこか浮世離れした印象もあった。

＊　＊　＊

すべては、私がごく幼い頃から始まった。いや、生まれる前から始まっていたのかもしれない。一九二四年十二月十五日、私の姉に当たる赤ん坊が、我が家に生まれた。しかし、彼女は呼吸器疾患により、生まれてから十五分も経たないうちに亡くなってしまったんだ。すでに「マクシン」と名づけられていたのに。

この当時、両親はオレゴン州に住んでいた。二人とも表向きはただのクリスチャンだったが、心の内ではさらなる高大な霊性を探求していた（最終的に私の母は牧師になり、テネシー州に赴任している）。しかし、マクシンを失ったことで両親は不仲になり、離婚こそしなかったが、その後ほぼ八年間にわたって、夫婦間の親密さを失ってしまったんだ。

それでも八年後、母は私を身ごもった。当時のことについて、母は私に、こんなふうに話している。

「お前が生まれたとき、お父さんと私は本当にうれしかったから、仲直りしたの。私はいつもみんなに『この子は、私の〝仲直りの子〟』と言っていたくらいよ。そして私は生後三週間になったお前を毛布にくるんで、地元の教会へ連れて行った。そこには、私とお前以外、誰もいなかったわ。私はその小さな教会でお前を祭壇の手前にあった低い台の上に寝かせ、こう祈ったの。『天におられる私たちの主よ。主はかつて、私たちから子どもを一人お召しになりました。そして今、八年の長い年月の後、私にお与えくださったこの子を御許にお返しします。彼は今日から主のものです。どうぞこの子に、主の御心が行われますように』って……」

そして私はと言えば、母がこの祈りを捧げた日にマクシンが私にあてがわれたと、そう堅く信じている。我が子について母親がこんなふうに祈り、神にはっきりと「我が子は神のものであり、私のものではありません」と宣言するとき、霊界は確固たる態度でその祈りに応えるんだよ。そうでなければ、私が五歳にもならないうちから、別次元の存在を見るようになった事実の説明がつかない。母があのように祈ったからこそ、私は幼少時より、あらゆる種類の別世界を行き来しながら生きるようになったんだと思う。

運命がどのようなものであれ、それは青天の霹靂《へきれき》のようにやって来た。そしてそれは私にとって、常に母の誓約に立ち返ることでもあった。だから私には常に「あなたは何者なの、ディーン？　さあ、あなたであることを果たしなさい」と迫られているような感覚があったんだ。

そして私にあてがわれたマクシンは、そのための使者なんだと思う。彼女は、私が〝つながって〟＊いる霊界、すなわち〈アングリオン〉と〈アファックス〉に関わっている。彼女はいつも私にこう言うんだよ。「あなたは人と違ったふうに考えなければなりません。あなたは私と私の言葉、すなわち聖なる源に由来する言葉で、意思を通わせることができなければなりません」って。

＊原注＝ディーンによると〈アングリオン〉と〈アファックス〉は、マクシンが関わっている二つの霊界。マクシンはそれら霊界の存在とディーンのつながりについて、「関係《リレーションシップ》」という言葉ではなく、「つながり《コンジャンクション》」という言葉を使ったという。

一九五三年の三月、私はミズーリ州にある神学校で、ひどい鬱状態に陥っていた。その神学校の広報局長をしていた兄が、私を無理やり神学生にしたことがきっかけだった。それはもともと私の望んだことではなかったし、神学校の偏狭で独断的な雰囲気は、私を本当にうんざりさせた。自分にはもっと違う道が用意されていることが、私にはわかっていたんだ。

私はひどい鬱状態とイライラから脱出すべく、断食と祈り、そして瞑想を始めた。私は一切の事柄とすべての人から、自分を切り離したんだ。そして私は、神に祈りを捧げた。「天におられる私たちの主よ、あなたは私のために何かしてくださるべきです。私はこんなことにはこれ以上耐えられません。あなたは介入なさるべきです」と。

この祈りの後、三月十五日の午前二時に私は音楽論の教室へ行き、聖書を開いた。たまたま開いた箇所は「ヨハネによる福音書」で、次の語句が目に入った。「わたしは復活であり、命である」(訳注＝十一章二十五節、日本聖書協会『聖書　新共同訳』の訳文による。聖書の訳はすべて同書より)

突然、そのページのその語句が真っ赤になって、ページから浮き上がった。と思ったら、ある声が「わたしは復活であり、命である……」と語り始めた。その瞬間、私はバッタリと床に倒れ、からだから完全に抜け出していた。私は、別の世界に入っていたんだ。

……その瞬間から、私の人生はすっかり変わってしまった。肉体の分子細胞の一つひとつに至るまで、すべてが変わり、原子は完全な変貌をとげ、粒子に至るまでのすべてが完全に再編成された。これは宗教的な体験ではなく、むしろ霊界および天界に関わる体験だったと思う。

夜が明ける頃、その音楽室から歩み出た私は、言葉を超えた幸福感と深い理解、完全な安らぎに満たされていた。そして私は所持品を整理して、制度でガチガチに固まった〝宗教の王国〟に、永遠の別れを告げたんだ。

このときのことは過去のエピソードなんかじゃなく、私にとって、たった今の現実なんだ。時間も空間も超えた体験は「過去のこと」になんか、なり得ない。あのときの体験は、今こうして私が話している瞬間と、全く同じ現実に属しているのさ。

私は、いわゆる地球外生命体とのコンタクトも体験している。でも、私にとって地球外か、そうでないかは、大した問題じゃないんだ。私の関心は〝神の国〟と意思を通わせることにしかないからね。あらゆる現実は、〝神の国〟にその起源をもつ。地球もよその星も、神の〝聖なる創造〟の結果であり、一つの現れであることに変わりはない。そういう意味では、いわゆる地球外生命体も人間も、同じなんだよ。

長年にわたって、私はソウラリアンという惑星から来た地球外存在〈ドネストラ〉とコンタクトしてきた。それだけで独断的にわかったようなことを言うつもりはないが、彼を通じて、地球外存在として生きることの、ひとつのイメージを与えられた気がするよ。

ただし、彼は私に語りかけるとき、特定の時間と空間にいるわけではなかった。彼はもっと昔の時代に生きていた地球外存在で、すでに〝霊的存在〟にまで進化していたんだ。

〈ドネストラ〉と初めてコンタクトしたのは、一九六二年のことだった。当時、私はドイツに駐留し、妻とともに勤務地である基地から六、七分のアパートで暮らしていた。

七月十九日、午前三時のことだ。私はそのとき、グラフ用紙ノートの上で複雑な数学的図形に取り組んでいた。すると突然、そのグラフ用紙がテレビ画面のようになって、そこに一人の紳士が写った。彼は肩マントのついた青いボディースーツ姿で、ベルトには記章、ネックレスには大きなメダルが付いていた。その風変わりな格好をした紳士はちょっと微笑んでから、私に話しかけてきたんだ。

まず初めに、彼は〈ドネストラ〉と名乗った。それから、霊的次元は大変進化していること、地球のように誤った原則や観念に汚染されていない多くの文明が、宇宙の至るところに存在することを教えてくれた。だからこそ、これらの諸文明はほかの惑星文明を訪問できる、ということだった。

それからも、マクシンは私に様々な存在を派遣した。後に私はそうした情報をもとに『アングリオンの書』と、二冊目の『アファックスの書』という本を書いたが、そのなかの〝線図〟を私に与えてくれたのは、〈ドネストラ〉と同時代に属する存在だったと思う。それは、こんなふうに始まったんだ。

一九六八年一月二十日午前二時。私は深い眠りから目を覚まして、寝室の天井を見上げていた。すると、そこに旧式のマイクに似た物体が見え、その器具の中心から針のような触手が突き出て、どんどん私のほうへ迫って来た。

私は金縛り状態で身動きがとれず、されるがままになっていった。触手は突き刺さることなく、私の額のちょうど中央にそっと置かれた。次の瞬間、耳に届くような高周波、強烈なバイブレーションが、完全に私を通過した。そしてこの一連の処置らしきことが終わると、触手は遠ざかり、器具とともに姿を消した。

翌朝の午前六時すぎ、私は起きてコーヒーを入れ、食卓についた。八時半頃には、誰かが私といっしょにいるのがわかった。彼らは、「車に乗って文房具店に行きなさい。私たちが買うものを教えます」と言うんだ。私は言われるままに文房具店へ行って、数冊のグラフ用紙ノート、ある種のペン、三角定規その他の製図器具を買った。それから家に帰って、おもむろに描き始めたよ。きっと誰かに操られていたんだろう。まるで自分自身、プログラムされているみたいだったからね。

こうして私は、三日間で三十二ページぶんの図形を描き上げた。各図形に名前をつけるよう指示されたが、私が図形の意味と機能を理解することは求められなかった。だから私は、こうした手段でこれらの図形が私に託されたことの目的さえ知らないんだ。

一九八一年になって、フィル・イムブロウグノウ*が私に会いに来た。私は〈ドネストラ〉から、一九六八年に描いた線図を全部、彼に与えるよう指示されていた。フィルには、こう言ったよ。「私はただ、あなたに渡すよう指示されているだけ。理由は知らないんだ」ってね。

＊原注＝科学教育学者であり宇宙飛行士でもあるフィリップ・J・イムブロウグノウはディーンの線図について、彼の著作『第五種コンタクト』で以下のように述べている。「そ

れらの図形を見て驚いた。非常に鮮やかな色彩、極めて正確な線で描かれている。それらは、多くの異なった分野の専門家により調べられ……（略）……あるプロの製図技師は、これを作図するには二十年以上の経験が必要だと言った。彼はまた、一流のプロでも各図形を仕上げるのに、一つにつき少なくとも六時間は必要だろうと述べていた。図形の多くに、今日では実験されているが一九六八年当時には知られていなかったはずの装置が描かれていて……（略）……。プリンストン大学、ノースウェスタン大学およびマサチューセッツ工科大学の科学者たちはこれらの図形を見て、設計の面で正確であるが、各装置が何であり、それがどのように動き、どのように作るかわかるほど充分な情報ではないと論じた」。一つの設計図は立体映像スクリーンのもので、各種の光学検査装置を描いたものもあった。〝らせんコイル〟の装置は実際に組み立てられた。イムブロウグノウによれば、それは焼き切れる前に、「今日入手できる類似のコイルよりはるかに多くの電磁流動を生み出した」そうだ。

一九八八年には、こんなこともあった。一月に友人から電話があり、あるパーティに招待されたんだ。そこでコルグ社の電子ピアノを演奏するように頼まれたんだが、私はピアノの演奏をしたことがなかった。前からずっとピアノは大好きだったが、習ったこともなかったんだよ。

でも、私はパーティへ出かけて行った。そして、聴衆と顔が向き合うようにピアノの向きを変えてもらって、演奏を始めたんだ。何が起きているのか、わからなかった。少々粗野だが、私が弾くピアノの音色はとても美しいものだったからね。

家に帰る途中、そこにマクシンがいることがわかった。彼女は、「あなたはあれと同じようなピアノを手に入れるわよ」と言ったが、私は「何だって？　そんな金はないよ」と答えた。マクシンは、「それは、あなたに与えられるの」と言っていたが、その通りだった。それから十日もしないうちに、コルグ社の真新しい電子ピアノが我が家に贈られたのだからね。

私はそれからもピアノをよく弾いたが、一九六八年にたくさんの図形を書いたときと同じで、ほかの誰かに操られていたんだ。内蔵のテープレコーダーを使ってずいぶん録音テープを作成したけど、テープを聞いたプロの演奏家はみんなこう言ったよ。「これはフランツ・リスト*だ、間違いない」ってね。

＊原注　フランツ・リスト＝前出のフィル・イムブロウグノウはディーンの演奏テープを1本、一八〇〇年代に生存した有名なオーストリアの作曲家、フランツ・リストの作曲スタイルをよく知る権威あるピアニストのもとに持っていった。すると、その権威は「この曲はフランツ・リストの作品だが、以前に一度も聞いたことのない曲だ」と語ったそうだ。イムブロウグノウによれば、ディーンはリストによりチャネルされた約二百本のテープを録音しているが、「すべて驚嘆すべき内容」とのことだった。

みんなの言う通り、私はフランツ・リストをチャネルしていたんだろう。なぜかって、ピアノを習ったことがない人間には到底弾けないような難解な曲を、私は演奏していたのだからね。しかも、私が弾く曲は誰かが私に乗り移っているように、私のなかから流れ出てくるものだった。

と言っても、トランス状態になっているわけじゃないんだ。私は自分の指が鍵盤の端から端まで動き回るのを、しっかりと見つめていたからね。では、そこで何が起こっていたのか？　その科学的説明ができる頃には、新しい科学が誕生していると思うよ。

一九六八年に図形を受け取り、一九八八年にはピアノと〝フランツ・リスト〟がやって来た。その中間の一九七三年には、こんな出来事もあった。

ある秋の晩、私が午前三時に目を覚ますと、頭巾をかぶった二人の小人が寝室に入ってくるのが見えたんだ。彼らは身長百五十センチにも満たない小人で、真っ黒な服を身に付けていた。彼らは閉まったままのドアを、まるでドアなんか存在しないみたいに通り抜けて、私と妻が寝ていた大きなドイツ製のベッドも通り抜けた。それを見たとき、体外離脱が起こった。自分が突然、からだの上空に浮かび上がったようだった。そしてこの好都合な位置から、私は二人の小人が私に〝外科手術〟を施すのを見守ったんだ。

一人が、銀食器をしまう折りたたみ容器に似た、黒くて堅そうなケースを開けた。ケースの内側は赤いビロードで裏張りがしてあって、なかには各手術用具を収納する金物がある。右側の彼はそこからピンセットのようなものを取り出し、左側のもう一人はブーメランのような形をした光るものを、私の頭上でちょっと振った。そうしてから、私の頭蓋骨を大脳から小脳の位置まで切って、パカッと後ろに折り曲げたんだ！　右側の彼はケースからガラス瓶を取り出し、そこからサファイアやルビーのような宝石を、私の脳内にピンセットで移植した。

処置が終わると、頭蓋骨の蓋は、もとの位置に戻された。もう一人がブーメランを使って、そこを癒しているようだった。それから彼らは寝室のドアまで歩いて戻って、互いに向き合って、恭《うやうや》しくお辞儀をした。その仕草はまるで、「これにて任務完了！」と言い合っているような感じだったね。この間、私はちっとも怖くなんかなかったよ。これはすべて、聖なる計画の一環だということがわかっていたからね。

彼らは、地球外存在ではなかったと思う。やって来た彼らを見たとき、何らかの霊的な存在を代表していることがわかったんだ。

それから数日間は、まるで頭にきつい鉢巻きを締めているような奇妙な感覚があった。それに、青い光の斑点も見えるようになった。本を読んでいるときや、何かをじっと見つめているとき、彗星のように動いて、浮かんでいる青い光の球が見えるんだ。これは今も続いているよ。

奇怪な体験に聞こえるかい？　でもこれは実際の肉体に施された手術じゃなくて、霊的なレベルで成されたことなんだよ。たぶん、メッセージが霊的次元から送られてくるときに、私の脳によって歪められないようにするための、一種の浄化処置だったんじゃないかな。

私はこうして、これまでの人生の大部分を、浄化してもらってきた。彼らが私の脳を浄化してくれたからこそ、〈脳〉が〈精神〉に付属する器官として機能できるようになったと言ってもいい。ほとんどの人は知らないが、〈脳〉は単なる参考文献に過ぎない。つまり、たとえて言えば〝アメリカ議会図書館〟のようなものなんだ。いつだって私たちという存在の核であり、自由に飛翔し得るのは、〈精神〉なんだよ。

私はこれまでの人生で、想像できる限り、あらゆる分野に関わってきた。しかし、一つひとつ自体に意味があるわけじゃない。本当に意味があるのは、神が私にお与えになったあらゆる特性に対して自らを開くよう、私自身、試みてきた——ということなんだ。何のためかって？　神のために、そしてあらゆる地域の人々のために、そのすべてを私が表現できるように、さ。

いつだって、人生にはたった一つの目的しかない。そしてそれは、人々の心に愛を吹き込むことなんだ。私の人生のすべてが、常にここに、立ち戻るんだよ。

私はこれまでの人生で、病気になったことがない。幼い頃にたった一度、水疱瘡《みずぼうそう》にかかっただけ。それを除けば、一日として具合の悪かったことがないんだ。

私はタバコを吸っている。タバコの宣伝をするわけじゃないが、肺ガンで亡くなった人のなかには、生涯タバコを吸わなかった人もいるよね。何が言いたいかというと、ガンにはたった一つの原因しかない、ということ。はっきり言えば、タバコがガンを引き起こすわけじゃない。それは全くの誤解なんだ。

数年前に、私は〈ドネストラ〉に操られて、幻視体験をさせられたことがある。そのとき私は、緑が全く見当たらない島々の上空を飛んでいた。これらの島々は、完全に不毛の地だった。まるで粘液質のスープのなかに浮かんだ、殻がとれたカキのようにも見えた。そしてそれらは、人間の細胞のものすごい拡大像だったんだ。

私は教師たちに、「これは何を意味しているんですか？」と尋ねてみた。すると彼らは、「これは、あらゆる種類の悪性腫瘍がどのように始まるか、示しているものだ」と教えてくれた。

ただし、彼らの解説によると、人間には三つの側面——肉体・精神・魂——があって、ガンの発病は肉体だけでなく、ほかの二つの側面にも関わるものだ。だから、これから話すことは、ガンの治療法としては聞かないでほしい。

その幻視体験の最中に彼らが示してくれたのは、次のようなことだった。たん白質が体内でその目的に応じて変換され、排泄されないと、それは組織内に残留して結晶体になることがある。そうなるとそれは、ある信号を送受信する能力をもつようになり、細胞は間違った信号を送ったり受けたりすることを始める。これが体内に混乱を起こし、結果として、その細胞の内部崩壊をもたらす。そしていったん組織が内部崩壊し始めると、ガンが発生するんだ。

この情報は、肉を過剰に食べると、誰でも体内でこのようなたん白質残留物を形成してガンになる……ということを意味するわけじゃない。ガンの発生は、人間の精神・魂の状態にも一致する面がある。情緒的動揺、衝撃を受けたときの感情、そして魂のレベルで生じた変化は、細胞の信号が混乱するような反応を、有機体組織に対して引き起こすことがあるんだ。

私はこれを、人間に対する、より深い理解を私にもたらすための情報だと思っている。ガンは、より大きな全体像——肉体・精神・魂——のうち、ごく小さな一部分である肉体に現れる、一つの結果にすぎない。そして人間存在を実際に支配しているのは、精神と魂なんだ。

私たちは、本当は誰なのか？　それを深く理解し、澄んだ静けさ、安らぎ、一体性のなかにあるとき、病気が入り込む余地は存在しない。これこそが、私がマクシンから受け取った解説なんだよ。

様々な霊的体験に彩られた一生を凝縮して話すのは、とても難しい。でも、何であれ、私の人生はすべて、マクシンに立ち返る。地球上で直接感知して生きる時間をもたない存在たちは、ときに、この惑星に生きる人間を通して体験をすることを選ぶ。そう、つまり私はマクシンの身代わりなんだよ。彼女は私の目を通して眺め、それによって人間が体験することを理解する。そして彼女は、私が自らの魂を豊かに表現できるようにサポートしてくれたんだ。

マクシンと私の〝つながり〟は進化の一つの発展段階だと、私は信じている。それは相互努力によって、物質的な世界を通じて霊的真理へと向かうプロセスの一部なんだ。神は、私たちの理解を先取りして何かを見せることは、決してなさらない。神は、私たちが自ら進んで理解しようとするとき、初めて私たちが理解することをお許しになるんだ。霊的な次元と、地球外文明とのコンタクト、その両方の体験から、私にはわかる――人生で起こる事柄には、何であれ、すべてに合理的な根拠があるんだよ。

第二部　ＥＴによるヒーリングに協力する人々

「生命力は人間のなかに閉じ込められたものではなく、発光する球体のように、人間の周囲に放射している。ゆえに、生命力の放射は遠くで作用するようにもできる。この半物質的光線のなかに、人間はその想像力次第で、健康もしくは病的な状態を生み出すことができるのだ」

——パラケルスス　十六世紀の錬金術師兼医者

第九章　瞳が変色する不思議な子

ベブ・マーコット――遠隔透視者兼ヒーラー

コネティカット州で生まれ育ったベブ・マーコットは現在、流体力学の技術者である夫とともにオハイオ州に暮らす。六人の子どもはすでに成人し、独立している。

ベブは、一九九六年、五十四歳のときに、アトランタ州へ飛んだ。〝遠隔透視者〟としての訓練を受けるべく、アトランタ州にある〈ファーサイト・インスティテュート（遠隔透視協会）〉主催のプログラムに参加するためだった。そして、ここで受けた訓練をきっかけに、長年にわたるグラフィックアートの専門家、またグラフィックデザイナーとしてのキャリアを捨て、プロの遠隔透視者として転身をはかることになった。

ベブは現在、科学捜査を対象とするアトランタ州の〈トランスディメンショナル・システムズ（超次元システム）〉に所属し、プロの透視者として働いている。また、ベブ自身が共同設立した〈ライトキーパーズ遠隔透視／遠隔ヒーリングネットワーク〉という名称の全国規模の団体を運営し、遠隔治療の訓練を受けた超能力者たちとともに活動にあたっている。

ベブと話すまで、私は彼女が行っているような超常的技術について、ほとんど何も知らなかった。科学的遠隔透視（SRV）とは、通常の覚醒時に使われていない心の領域を活用して高度に直観的な知覚を育て、対象にアクセスする手段らしい。そういう意味では、瞑想やサイキック能力を活用した特殊技能、透視に似ていると言えるだろう。

瞑想家、サイキック能力者と遠隔透視者との違いは、SRVの施術者は高度に体系化されたカリキュラムによる訓練を受けている、という点にある。彼らは訓練により、どのように超意識を使い、どのように科学的再現性を確立するかを修得した人間なのだ。

古代より様々な先住民族と、部族のシャーマン、霊的ヒーラーたちに伝えられた遠隔透視の手法。この遠隔透視に目をつけ、機密情報収集を目的とする科学的な実験計画に移したのは、アメリカ軍部だった。そして実際、政府の訓練を受けたSRVの将校たちは、この手法により遠距離の諜報任務を計画し、それを成功させた。こうして一九七〇年代に設立された政府による〝サイキックスパイ〟養成機関と、そこでのSRV訓練は数十年間存続したという。今もなお、極秘計画は進行中かもしれない。

また民間でも、こうした訓練を受ける遠隔透視者は増加している。ベブはその一人で、特殊技能を地球外および異次元存在との意思疎通、遠隔ヒーリングの実践などに活用している。どのようにして、彼女がこの種の特異なヒーラーになったのか——。それは、非常に興味をそそられる話だった。

＊　＊　＊

私は五人兄弟の長女で、家族の中ではいつも〝変わり者〟扱いだった。なぜかと言うと、私はいつも人と違った物を見たり、感じたりしていたから。

十一歳のとき、私の瞳は茶色から薄茶色に変化し、さらにグリーンに変わった。その頃から、虫の知らせを体験するようになったわ。不意の来客を予感したときも、遠くの親戚が亡くなったときも、母に知らせた。客は実際にやって来たし、親戚の死もその日遅くに確認された。だから両親は、私のことを「変わった子」「不思議な子」と呼んでいたのよ。

最初の結婚をしたのは、二十一歳の誕生日を迎えて、すぐのことだった。その六年後、二十七歳で卵巣のう胞を切除するために入院していた私は、手術中に不思議な体験をしたの。順調に進まない手術の真っ最中に、私は肉体の外に出て手術の様子を見守っていたの。手術後の回復期にも、肉体の外にいる自分に気づいたことがある。こういう特別な時間のなかで、人生のあらゆる問題に対する解答を手に入れたかのように感じることもあった。そして、こうした一連の体験の後、私のサイキック能力は著しく向上していたの。

私は自然発生的に、体外離脱を体験するようになっていた。意識が肉体から遊離して、遠隔地の情報を得ることができたの。予知夢を見たり、自分の過去生を思い出すこともあったわ。でも、当時の夫に話したら、「君を施設に収容してもらうこともできるんだよ」と言われてしまった。

それからは、黙っていようと心に決めたわ。

その結婚は一九八〇年に破綻して、私は一九八六年に再婚した。二番目の夫とは何もかもうまくいって、とても幸せよ。でも、彼との新婚生活に入って九か月くらい経った頃から、私は何かが起こっていることを感じ始めたの。何か奇妙なこと、生まれてからずっと経験してきたのに、意識してこなかった何かが起こっていたわ。


一九八七年の七月、よく晴れた朝に、私はベッドを出てバスルームに入った。鏡を見ると、唇に奇妙な傷ができていたわ。糸のように細いけど、三センチ近い切り傷が、上唇を水平に横切っていたの。たやすく見過ごされるような傷だったけど、私はそれに気づいた。と同時に、突然、潜在意識からある記憶がポンと飛び出した。私は、自分がETと遭遇しているってことを思い出したのよ。

それから数週間もしないうちに、続けざまに赤ん坊の夢を見るようになったわ。この夢（あるいは〝トリップ〟、時々、好んでこう呼んでいるんだけど）に出てくるのは、小さくて病弱な、生まれたばかりの赤ん坊だった。性器は見えなかったけど、私にはその赤ん坊が男の子だってことがわかっているの。皮膚の色はグレイで、ほとんど透明のようにも見える。その子はとても弱っていて、今にも死にそう。でも私が抱き上げると、みるみる皮膚の色が変わって、グレイからピンクになり、目を開けて私を見るの。眉毛もまつげもない卵型の目は、目尻がつり上がっていて、瞳はブルー。虹彩《こうさい》がほんのわずか、白味がかっていた。

最初にこの赤ん坊の夢を見たとき、私は夢のなかで、一般に「グレイ」と呼ばれている背の低いETにも紹介されたわ。そのグレイ・ピープルと対面したとき、私にはわかったの。その存在は、私自身が赤ん坊だったときから、ずっと私にとって重要な役割を果たしてきた……って。なぜそう感じたのかは、わからないけど。

ある朝、何度目かの赤ん坊の夢から目覚めかかっているとき、私はごく浅い睡眠状態のなかで、「赤ん坊の父親は誰なのかしら?」と、尋ねてみた。すると、人間ではない男性の存在が現れたわ。彼は背が高く、とても細くて、髪は長いウェーブのかかったブロンドで、目は赤ん坊と同じブルーだった。その幻影のなかで、私のほうに大またで歩いてきた彼は、怒っているようにも見えた。ちょうど彼が私のところに辿り着いたとき、私は急に目を覚ましたわ。

同じ〝トリップ〟が、秋から冬にかけて何度も続いた。私はこのトリップから目を覚ますたびに、これからの人生で何かが起こる……という確信を強めていったの。なぜなら、私も夫も、同じように〝誘拐〟を体験していたから。私たちは夫婦そろって、定期的で頻繁なETとの遭遇を体験していたのよ。幸いにも、今度の夫は「気が違っていると思う?」と話し合える相手だったというわけ。答えはもちろん、「そんなことはないさ」。私たちはお互いに、そんなやりとりができる夫婦だったのよ。

その頃、私と夫はETによって探られ、何かを注入され、組織標本を採取され、体液を抜き取られていたんだと思う。卵子と精子が採取され、検査が行われ、全身はスキャンされていた。その痕跡と思われる何らかの印が、からだに繰り返し現れていたわ。そしてそれは、数週間続いたの。

驚くことも少なくなかった。アメリカ北東部地方の冬と言えば、寒くて雪が多い季節。そんな冬の朝に、ベッドから起き上がって鏡を見ると、顔や首が日焼けで炎症を起こしたようになっているのよ。私たちがそのたびにどんなに驚くか、わかるでしょう? だから私はこれらの発疹、打撲傷、その他からだに残った奇妙な印を写真に撮っておいたわ。今では、ずいぶんたくさんのコレクションがあるのよ。

ある夏の夜には、初めて意識がある状態での接近遭遇も体験したわ。夫が出張で留守の夜だった。午後十時頃、私は犬を散歩に連れ出したの。犬と家に戻ると、入れ替わりに猫が、まるで「自分も!」というように、ニャオーと鳴いて外に出た。仕方なく私も外へ出ると、彼は私の肩に飛び上がってきたわ。私たちは車の乗り入れ道をゆっくりぶらついて、暖かい夜の空気を満喫したの。車の乗り入れ道の先端まで来ると、私は振り返って家の上空、星を散りばめた夜空を見上げた。すると、テレパシーによる声が聞こえた。

「あなたは私たちとつながっています」

私は確かに、何かにつながっていることを感じた。同時に、私のなかには愛、憎しみ、恐怖、期待といった様々な感情も湧きあがってきたわ。そして、その晩ETたちが訪ねてくることがわかった私は、すぐ家に引き返したのよ。

その晩遅く、午前一時頃に三人のグレイ・ピープルが私の寝室に入ってきたとき、私は完全に意識がある状態だった。三人の背の低いグレイ・ピープルがベッドに近づいてくると、いつの間にか、部屋は不気味で冷たく白い光に満たされていたわ。気がつくと、私は身動きできない状態になっていた。何か単調な、ブーンとうなる低音が、私の全身を頭からつま先まで移動しているのが聞こえた。実際に何かが触れてきたわけじゃなかったけど、それでもある種のエネルギーの放射を、かすかに感じたわ。痛みはもちろん、恐怖感も全くなかった。

彼らのエネルギーが遠ざかっていくのを感じたとき、同時に白い光も消えた。その途端、夜のざわめきが戻ってきたの。彼らの訪問中は、異常なまでに静寂だった。幹線道路を走る車の音もコオロギの鳴き声も消えて、完全なる静寂が支配していたのよ。時計を見ると、たった七分しか経っていなかった。まるで、時間が止まっていたかのように。

それから、私は猫を連れて再び外へ出たの。訪問者たちが残した形跡がないかどうかを確かめるためにそうしたのだけれど、何もなかった。その時間には雲が空一面を覆って、星一つ出ていなかったわ。

こういった訪問を何度も繰り返し体験している人間として、私はETたちの目的が決して実験ではないことを確信してる。彼らは一つの種である私たちにしていることを、はっきり自覚しているし、それは長い間、極めて意図的に行われてきたことなの。二つの種の間に、何らかの交流が起こっているのよ。

「その交流は偏ったもので、私たち人間の利益になるものではない」と言う人がいるかもしれない。そういう人たちは、ETが私たちの地球に侵入して、人間を無力なものにしようとしている、と主張しているわ。ETは自分たちの種を発展させるために、人間の卵子・精子・血液・組織・DNAなど必要なものをすべて奪おうとしている、ってね。

でも、私はそう思わない。グレイ・ピープルは何百年、いえ何千年か、もっと長い期間にわたって地球にやって来ていた。この事実を、私たち人間は認めなくちゃいけないわ。彼らは何世代にもわたって人類と交流を続けてきたし、実際その長い期間を通じて、私たちの進化をサポートしてきたのよ。

たいていの〝被誘拐者〟に対して生涯にわたって定期的に行われる全身スキャンは、彼らが私たちの健康状態を知るためにしていることだと思う。たぶん彼らはこの医学的検査によって、私たちの体内に蓄積された毒素のレベルを調べ、環境中の汚染物質を追跡調査しているのよ。多くの〝被誘拐者〟が、ETたちから「環境をきれいにするように」と強くアドバイスされているのは、そのせいだと思うわ。彼らはきっと、私たちの身体エネルギーも含めて、すべてをバランスのとれた状態に維持しようとしているのね。

私の場合、この〝検査〟を一年に数回は受けている。それはまるで、ETたちがスケジュールを組んで、私のからだにたまった毒素を調べ、エネルギー・バランスを整えるために、定期的に訪問してくれているような感じよ。そのせいかどうか、私も夫もすこぶる健康なの。

病気になりそうだと感じて、私のほうからETたちに「どうか診てください」と訴えることもあったわ。ETたちに目的があって私たちのからだを使うなら、私たちを健康に保つ責任だってあるはずだと思ったのよ。

あるクリスマス・シーズンに、私と夫はインフルエンザのような症状に陥って、鼻が詰まり、気分が悪くなったことがあった。その晩、二人で座ってテレビを見ているときに、私は青い光の球がゆっくりと部屋を横切るのに気づいたの。その晩遅くには、寝室で天井のあたりをフワリと横切る青い光の球を見たわ。だから夫がベッドに入って来たとき、私たちは手を握り合って創造主にお願いした。「眠っている間に天使を通して、私たちの面倒を見てくださるように」って。

気分が悪かったにもかかわらず、それから私たちは二人ともすぐに眠ってしまったわ。真夜中、不安になった夫が来客用の寝室に移った後に、何かが頭の右側に触っている感じがして、私は目を覚ました。それは、何だかくすぐったいような電気的な感覚だったの。突然、私は目を閉じているのに、また青い光の球が見えていることに気づいたわ。

そのエネルギーの球は頭の右側から内側に入って、左側に通り抜けていった。すると、私の左半身が震えだしたの。かと思ったら、鼻孔がスッキリしていた。目のヒリヒリ感もなくなって、頭痛も消え、インフルエンザの症状は全部消えてしまった。癒されたことがわかって、私は言ったの。

「ありがとう。今度は夫のところに行ってください」

何の気なしに上半身を起こして後ろを振り返ると、枕元の壁を、高さ十八センチくらいの光が照らしていた。その光の像はまさに天使、羽を折りたたんだ天使のように見えたわ。どうしても信じられなくって、私は目を大きく見開いてみたの。というのも、その光は、寝室の窓から入ってきたものではないし、どうにも説明がつかないものだったから。光はいつしか消え、翌朝には、夫の体調も良くなっていた。ETなのか天使なのかわからないけれど、何かが前の晩にやって来たことだけは確かだった。

それにしても、誰が？ なぜ？ こうしたことを行うのかしら？ 当初考えていたよりも、はるかに大きな全体像があるように思えてならなかった。私は自問自答を重ねたわ。私が知っている存在はETではなくて、天使なのかしら？ それとも、まるで〝天使〟のように慈悲にあふれた活動をしている、ETなのかしら？

私自身が体験したなかでも、最も美しく印象に残っているのは、天使を思わせる存在との遭遇だった。それは、夫が仕事で留守をしていた、ある夜に起こったことよ。真夜中に目を覚ますと、ベッドの脇に、見たこともないような美しい存在が立っていたの。

その存在は中性的に見えたけれど男性で、黙って立っているだけなのに、あふれんばかりの大きな愛情を感じさせた。肩までかかる髪はウェーブのかかったブロンドで、裾の長い白のローブを身にまとっていたわ。翼はなかったけど、天使としか思えなかった。

私を直接見つめてはいなかったけれど、その黒い瞳でしっかりと私を見守っていることがわかった。彼に守られている——。私は強く、そう感じたの。すると突然、彼の姿が崩れ始めて、何百万もの小さな光り輝く粒子に変わっていった。それはまるで、夢幻の花火のようだったわ。そうして、彼は消え去ったの。

それから一年にわたって、私はこのときのことを思い出すだけで、涙があふれた。実際、誰かに話すたびに泣いていたのよ。なぜって、彼が私に与えた印象は、それくらい深くて大きなものだったから。

それでも、確証はないの。彼が天使なのか、それともETなのか。あるいは、今まで私たち人間が見ていた天使は、エイリアンだったのかもしれない。グレイ・ピープルは形態変換の能力をもっていて、人間の心に受け入れられるように、自分の姿を変えているのかもしれないわ。


天使なのかETなのかはわからないけれど、私には、定期的に助言と導きを与えてくれる特別な存在がいる。でも残念なことに、目を覚ましたときには、彼女の言ったことをほとんど思い出せないの。ただひとつ、彼女が言ったこの言葉だけは、私の魂に刻み込まれているわ。

ある晩、彼女がいることに気づいて、私はこう尋ねたの。

「なぜ、こういう様々な出来事が私に起こっているの?」

彼女はこう答えた。「あなたは他の人々に対して、危機の時代に留まるか、そこから去るのか、選択の機会を与えるように調整されているのです」と。

一九九〇年の夏に私は、自分が歯科医院にいる、変わった夢を見ていた。その〝夢〟のなかで私は、歯科医院によくある低い椅子に腰掛けて、二、三人の、背が低く頭の禿げたグレイ・ピープルが歩き回っているのを見ていたの。みんな個々の任務に集中して、とっても忙しそうだった。

それから、「歯医者」が部屋に入ってきた。彼の身長は普通で、黒の丸首セーターにズボンと、全身黒づくめの服を着ていて、目尻が少し上がっていた。椅子の片側にやって来た彼は、口を開けるように言ったわ。彼の服から放射されている何かのせいで、私は温かい落ち着きを感じていた。

彼は歯には触らず、私の口の中に何かを入れた。すると、それは私の軟口蓋から両目の間へと移動して、脳の内部に入っていったようだった。すると両目の間に、気持ちが悪いだけでなく、エロチックな、何ともいえない奇妙な感覚が起こって、続いて痛みが来たわ。私はたまらなくなって、「気持ち悪い。やめて、やめて！」と叫んだの。

翌朝、目を覚ました途端、頭が痛んだ。そのまま起き上がると、光が見えているのに気づいたわ。まるでその光は、私の両目から放たれているようだった！　でも、しばらく歩き回るうちに頭痛は消え、視界も次第に通常に戻っていった。

このときのトリップで、私は何かを移植*されたんだと思う。ETたち――もしくは〝この世のもの〟ではない誰か――によって、何かが私の脳内に移植されたのよ。そして、その目的はたぶん、私の知覚とサイキック能力を高めるため。それから何年も経過した今では、あのときの移植によって、私のサイキック能力、遠隔透視者／遠隔ヒーラーとしての能力が意図的に高められたとはっきり言えるわ。いつの日か、ほかの人々に対して、〝危機の時代に留まるか、そこから去るのか、選択の機会を与えられるように〟、私は〝調整されていた〟のよ。

***原注　移植**＝多くの遭遇体験者が、一般的には副鼻腔周辺、涙管または耳に、五ミリほどの小さな物体を挿入されたと報告している。ETによる移植処置の目的に関する説は様々で、追跡または通信のための装置だとする説もある。

同じ年の秋には、別の人に行われた移植処置も目撃したわ。その〝被誘拐者〟は短いブラウンの髪をした白人男性だった。彼は目を閉じ、私と同じように歯科用椅子に座っていた。すると、グレイ・ピープルの一人が、小さくて光っている四角い物質を両手に一つずつ持って、彼の椅子の後ろにまわった。それから男性の頭部、両耳の後ろにそれぞれ置かれた物質が、彼の頭蓋骨の中に吸収されていくのを、私は見守っていたの。

この男性とは、こちら側の物理的世界で、約半年後に出会うことになったわ。何か理由があって、グレイ・ピープルが私たちを会わせたんだと思う。私たちは、今ではすっかり親友同士だから。

実際、彼がくれた一本の電話は、私にとって大きな契機になったのよ。それは、一九九六年の、ある日のことだった。彼が私に電話をくれて、科学的遠隔透視に関する本、コートニー・ブラウン博士著『コズミック・ヴォエージ』（参考文献の項を参照）を読むように勧めてくれたの。

こうした事柄に対して常日頃懐疑的な彼の意見だからこそ当てにできると、私は思った。だから、すぐにその本を読んでみたわ。そして読み終えたときには、遠隔透視者になるための訓練を受けようと決めていた。私は夫に、ブラウン博士の〈ファーサイト・インスティテュート（遠隔透視協会）〉に参加したいと話して、さっそく訓練に参加すべく、飛行機でアトランタに飛んだの。

遠隔透視とは、時間と空間を超えた遠隔にある情報を、正確に知覚する能力のこと。誰でも専門家の指導を受け、訓練を積めば、こうした技術を身に着けることができるのよ。きちんと遠隔透視の訓練を受けた人間の情報は、サイキック能力者のそれと比較しても、はるかに信頼性が高いと思うわ。

遠隔透視は私にとって、とても魅惑的な冒険だった。でもそれ以上に、意識と無意識の領域に関する、または〝亜空間〟意識、人間の魂レベルの活動に関する、優れた科学的探究だったの。遠隔透視によって、透視者はまず、自らの無意識と交流できるようになる。次に訓練によって、亜空間意識または魂によって情報を収集し、正確に記録することができるようになるのよ。

私自身も過去を見、また未来を垣間見てきたわ。遠隔透視の技術を使って、大昔から遠い未来までの場所、出来事、そして人々を〝ターゲット〟にしてきたの。私はこの惑星を離れて、別の世界、別の次元へと旅したこともあるわ。遠隔透視ほど充実した、心踊る体験はないと思うくらいよ。なぜって、諸宇宙のなかで私たちがどんな存在なのか、どこに立っているのか……といった、大きな全体像を提供してくれるんだから。

遠隔透視は無限の可能性を秘め、最近では行方不明者の捜索、病気の診断、治療にすら使われるようになってきている。何より遠隔透視は、ETとコンタクトを始める方法でもあるの。〈ファーサイト・インスティテュート〉に参加した私が最初に気づいたことも、それだった。私たちはそこにいた週、毎晩のように膨大なETとの遭遇を体験していた。そもそも受講生のほとんど全員が、ETとの遭遇体験者だったのよ。

実際、〈ファーサイト・インスティテュート〉の卒業生はこれまでに百人を超えるけれど、その九十パーセントが接近遭遇体験者だと思うわ。だから私たちは毎日、朝食のテーブルに集まっては前夜の遭遇について話し合ったの。こうした話を聞くうちに、自分の遭遇体験を思い出す受講生もいた。ときには、いっしょに遭遇していたことを思い出すこともあったわ。

ある晩には、受講生が宿泊しているホテルの上空にいた宇宙船に、二人の教官が乗せられたこともあった。その出来事は後から遠隔透視されて、私たちの心の中で確認されたの。こうして帰りの飛行機でアトランタを発つまでに、私は職を変える決心をしていた。少なくとも翌年の訓練に参加し、遠隔透視者として技能を高めようと堅く決意していたわ。

自宅に戻ってからも、訓練の第二課程として、電話でチェックする助言者とともに五十の探知ターゲットを遠隔透視した。そして私は翌年、上級訓練コースを受けるためにアトランタに戻ったの。この上級訓練コースによって、私は遠隔透視で探知ターゲットのより精緻な情報が得られるようになった。また私をはじめ、多くの受講生が意識のある状態でETとコンタクトできるようになっていたわ。

上級訓練のなかで、私たちはET探知に関する複雑な計画書を受け取り、〈銀河連合〉――宇宙の様々なETから成る、言わば国際連合のような組織――をターゲットにしたこともあった。私たちはこうした訓練によって、非常に多くのETとのコンタクトに成功したわ。それは予告されていた通り、人生における最も強烈で心踊る体験だった。

上級訓練コースの期間には、こんなからだの変化も起こった。私の背中にあった大きな良性ののう胞（訳注＝単房性または多房性の袋で、中に流動体を含む）が消滅したの。こののう胞は、ETが取り除いてくれたらどんなに助かるだろうと、ずっと思っていたものだった。なぜなら、通常の外科手術で切除したら背中に空洞が残ると、医者に言われていたから。それで私は訓練期間中に、ホテルの部屋でこう思念したの。「あなた方は私が生まれてから、ずっと私の肉体をコントロールしてきました。ならばせめて、こののう胞を取り除いてくれないでしょうか。お願いです」と。

翌日私は、素肌に着ると少々むず痒くなるモヘアのセーターを着て、訓練に出た。案の定、背中がむず痒くなって掻くために手を伸ばすと、手がのう胞に触れたの。何となく以前より柔らかく、どこか違っているような感じがする……。そう思った途端、それは剝がれ落ちたわ。そして二日間かけて、のう胞は徐々に消え、完全に治癒した。瘢痕組織その他、背中に大きなのう胞が埋まっていたことを示す痕跡は、何ひとつ残っていなかった。

遠隔透視の治療面での可能性に気づいたのは、妹の病気がきっかけだった。一九九七年八月のある晩、一番下の妹が電話をかけてきて、姉妹の一人、ジェーンが手術を受けることを教えてくれたの。

ジェーンの首の動脈が詰まっていて、血管造影法*によると、左動脈の七十五パーセント、右動脈の八十パーセントに閉塞があるということだった。だから彼女は二回に分けて、左右の動脈の大手術を受けることになっていたの。

＊原注　血管造影法＝血管のレントゲン検査のことで、このケースではコレステロールの

斑点による障害の程度を判定するために行われた。

その晩、私はいつものように瞑想を始めた。ジェーンのイメージが私の前に現れて、その瞬間、彼女の肉体の問題をサポートできることがわかったわ。私は自分が縮んで、どんどん小さくなっていって、ジェーンの首の動脈内部を移動できるくらい小さくなった姿を想像した。私は彼女の鎖骨から、左の動脈の中に入っていった。

このとき私はたぶん、アストラル体になってそこに入り込んだんだと思う。あたりが暗かったので、自分で白色光の、発光するヘラを創り出して、それで彼女の動脈を詰まらせているコレステロールをこすり取っていった。その道具が固まり——それはブルーチーズにそっくりだった——に触れると、コレステロールはワックスのように溶けて動脈の中に滴り落ちたわ。私はコレステロールに、通常の排泄プロセスを辿ってジェーンの肉体から離れるよう指示した。……私がこの瞑想を数回繰り返すと、妹の首の左動脈は、入るたびに血管の通路がきれいに、健康的になっていった。だから私には、何かが起こっているとわかったの。

八月十九日に、ジェーンは予定されていた最初の手術を受けた。外科医は、閉塞が十五から二十五パーセント減少していたことに驚いたらしいわ。手術の翌日、夜になって電話すると、合併症が出て、妹はまだ入院中ということだった。私はすぐに遠隔透視瞑想を始め、そのなかで妹のベッド脇に移動したの。そこで、血圧監視モニターの針が、高い値からゆっくりと正常値に下がっていくのを心に描いた。酸素を豊富に含んだ血液が全身を循環し、彼女の頭痛を取り除いている様子も、心に描いたわ。

その翌日の午後、再びジェーンの家に電話すると、本人が電話に出た。なんと彼女は、夕食を作っている最中だったの！「昨日の晩、頭痛が消えて血圧も下がったから、お医者さんが今朝、帰宅を許してくれたの」と言う妹に、症状が消えた時間を聞くと、「夜中の十二時前後」ということだった。私が遠隔透視を行ったのは、夜の十一時だったわ。

それから一週間くらいして、妹は担当医の診察を受けに行った。彼女が「こうなったのも姉のおかげなんです。姉がヘラを持って私の動脈に入り込み、コレステロールを取り除いてくれたので」と話すと、担当医は平然と答えたそうよ。「何であれ、お姉さんに続けるよう頼みなさい。もう少ししたら、今度は反対側の手術をしなくちゃならないんだから」。

私は引き続き遠隔透視技術を使って、今度は妹の首の右動脈に働きかけた。ジェーンが九月に超音波スキャンを受けるまでに、六回から八回はやったと思う。すると、スキャンの結果、コレステロール・レベルが四十パーセント下がっていることがわかった。それで妹は、二回目の手術を受けないで済んだの。

これは私にとって、敬虔な気持ちを覚えると同時に、とても勇気づけられる経験だったわ。この種の治療技術を、遠隔透視に組み込めることがわかったのだから。遠隔透視の訓練を受けた人なら誰でも、人々を癒すためにこの技術を活用できるのよ！　私にとっては本当に、信じられないような発見だった。でも実は、これは新しい発見ではなかったの。

すぐに気づいたんだけど、この技術はある古代のシャーマンが行っていた、癒しの儀式にそっくりだった。聞いたところによると、軍の遠隔透視者も治療面での可能性に気づいていたそうよ。実際にネットワークを結成して、治療技術に関する情報をほかの遠隔透視者に伝え始めて、また驚いたわ。ほかの多くの人たちも、遠隔ヒーリングの可能性を探求していたところだったから。

こうして私は、その年の暮れまでに、十二人の遠隔ヒーラーでチームを結成していた。なかには〈ファーサイト・インスティテュート〉で訓練を受けた透視者もいれば、バージニア州にある〈モンロー・インスティテュート（モンロー研究所）〉の参加者も、〈シルバ・マインド・コントロール〉で訓練研修を終えた透視者もいた（第十八章を参照）。私たち全員に共通するのは、自分たちが何か高次の力によって、遠隔ヒーラーのチームに加わるよう導かれてきたと、強く感じていることだった。それで私たちは、このチームを〈ライトキーパーズ遠隔透視／遠隔ヒーリングネットワーク〉と名づけたの。

このネットワークを結成して以来、メンバー全員が、ETとのコンタクトが増えてきたことを感じてる。私たちは、自らの遠隔透視及び遠隔ヒーリング技能を向上させるべく、導き助けられていることを自覚しているのよ。私の場合も、数日間にわたって毎朝、ある声で目覚め、特殊な遠隔ヒーリング技術を教えてもらっていたことがあるわ。

つい最近も、ある晩に、遠隔ヒーリングの試みをサポートしていると思われるETのグループとの遭遇を体験しているのよ。グレイ・ピープルとは違って、このETたちはとても背が高くて、身長は百八十センチ以上もある。彼らは筋肉隆々とした頑健で精悍《せいかん》な存在で、金色がかった小麦色の肌をしているわ。外見はちょっと恐ろしいけれど、本当にやさしい存在なのよ。彼らといっしょにいると、私はいつも感謝の気持ちでいっぱいになってしまう。それでも、彼らを正視する勇気はもてない。〈ライトキーパーズ・ネットワーク〉のほかのメンバーたちも、同じ存在たちとの遭遇を報告しているわ。

遭遇体験の間に与えられた治療技術に関する情報を正確に思い出すのは、ときに難しいこともある。それでも私は、彼らがもたらす情報は、時が経つにつれ、意識化されてくるだろうと感じてる。また、遠隔透視の研究を深めるにつれて、私たちが自然に高い知覚レベルに移行していくことも確信しているわ。

私たちの多くが、以前よりも、意識がある状態でETと遭遇するようになってきている。私たちにとってET体験はますます、この物理的現実の一部になってきているのよ。このことによって、なかには別の知覚レベルに到達した人もいる。そのレベルで私たちは、臭い・音・映像として異次元との接合を体験しているの。

たとえば、多くの体験者が、特定のET種の出現と結び付けて、特有の臭いに気づいている(一例を挙げると、グレイ・ピープルが出現する際には香辛料の効いた甘い、燻製風の匂いがすると言われている)。これは、様々な次元が統合されて一つの現実へと向かう、私たちの進化の一側面なのよ。

奇妙な臭い、光の球、ほかの生命形態の散見……。こうした異次元とのコンタクトを体験するためには、現実に対する知覚を変容させる必要がある。「いったい何が現実なのか?」という、現実に関する知覚を、もっと多重的な概念に移行させる必要があるのよ。
そのためには柔軟な姿勢をもって、自分を充分に受け入れ確認しながら、進化していかなくては。いわゆる異常な出来事を〝異常〟としてシャットアウトしないで、自分の毎日の生活に統合していくためには、「流れとともに進む」ことができるようにならないといけないんだわ。

私も今では遠隔透視者として、百五十時間以上の訓練を完了している。全米の受講生に遠隔透視を教え、〈ライトキーパーズ・ネットワーク〉をまとめるようにもなった。遠隔透視、ETとのコンタクト、自分自身の意識の微調整に携わらない日はほとんどなく、ありふれた関心や日々の雑事に明け暮れていた日々は終わってしまった……。そんなふうに、しみじみ思うこともあるわ。

遠隔透視者は、日々、事実を学び続けている。つまり、旅する魂として二つの世界に存在する者は、真理を追い求める衝動を止めることができないの。私たちは亜空間の旅が完全に停止するまで、旅を続けなくてはいけない。そして誰も、自分の魂の旅がどこで終わるのかなんて、正確に、意識ある状態で確信することはできないわ。

遠隔透視やヒーリングは、人間に備わった天賦の能力。それは人類の誕生以来、もともと私たちに備わっている能力であって、人間はただ、その使い方を忘れてしまっただけなのよ。もしそれを取り戻したいと願うなら、私たちは誰でも、より高次の意識に入ることができるはずよ。
人間はこれまで、肉体について科学的に探求し、解説してきた。そのなかで心理学者が「脳」

と「心」を分けて考え、「亜空間意識」や「魂」については、未だ神秘の領域に追いやられている。でも本当は、そんなところに追いやっておく必要なんかない。私たち一人ひとりが、自分自身の真実を追い求めることを選べるのだから。瞑想や遠隔透視を使えば、「私たちが本当は誰なのか？」、その全体像を見出すことができるのだから……。

もし、もっと多くの人々が遠隔透視やヒーリングを使えるとしたら？　それだけで、この惑星の暮らしはずいぶん変わるでしょうね。そうなれば政府も企業も医学も、根本的に変わる必要が生じる。人々は何より正直さ、倫理、そして奉仕を求められることになるし、結果として、安らぎに満ちた開かれた社会が形成されていくと思うの。

最終的に、私たちは安心して、天性のままに生きられるようになるんでしょうね。自分たちが抱えている様々な問題を、決して破壊的ではない、創造的な方法で解決できるようになって、もっと完成した、非暴力的な種になるんだと思う。

シャーマンは、内なる聖霊とともに生きることを知っていた。私たちは文明的であることを追い求めるうちに、神の姿に似せて創られ、万物とつながっていた自分自身の、本当の正体を忘れてしまったけれど。きっと進化するにつれて、再びそれぞれが、内なる神と一つになっていくと思う。私たちはそうなるべくして、神によって意図された本当の姿になっていくんだわ。

第十章　重い糖蜜のような感覚

ピーター・ファウスト――地球外エネルギーを使うヒーラー

ペンシルベニア州出身のピーター・ファウストは一九八〇年代後半、イギリス領のバージン諸島でホテルを経営していた時期にETとの遭遇を体験。その後、一九九〇年にボストンへ引越し、〈ニューイングランド鍼治療学校〉に通う。妻ジェイミーとともにニューヨークの〈バーバラ・ブレナン治療学院〉にも通った。

ピーターは一九九二年にET体験を公にして以来、遭遇体験者たちの先導役を務めてきた。現在、彼は四十歳。〈ベルモント治療院〉という個人治療院を開業し、〈バーバラ・ブレナン治療学院〉では講師も務める。妻ジェイミーは心理療法家で、エネルギー・ヒーラーだ。

ピーターは、まだ少ないが確実に増えつつある、型破りなヒーラーの一人と言えるだろう。彼は地球外エネルギー、つまり別の惑星、別の次元、別の世界から来るエネルギーを用いて、患者の自己治癒をサポートするエネルギー・ヒーラーなのだ。

まず初めに、ヒーラーがクライアントを〝癒す〟わけではない、ということを知っておいてほしい。ヒーラーはエネルギーの〝通路《チャネル》〟にすぎない。通路となってある種のエネルギーを手渡すことで、結果として癒しが起こる。それが、ヒーリングなんだ。当然、「私が癒している」という自我がそこにあったら、良き通路になることはできないよ。

そして、ETとの遭遇を体験している私は通路となって、クライアントに地球外エネルギーを手渡すこともできる。もちろん私だけじゃなく、同じことができるヒーラーはたくさんいるだろう。それに、必ずしもETとの遭遇を体験していなくても、一定の〝伝授《イニシエーションズ》〟さえ受ければ、誰でも地球外エネルギーの通路になる訓練はできる。

ちなみに、私はこの〝伝授〟という言葉を広い意味で使っている。たいていの治療法を教える学校は、何らかの癒しのエネルギーを伝授する学校だと思うからね。

＊　＊　＊

一九八〇年代の後半、私はイギリス領のバージン諸島でホテルを経営し、そこでシェフも務めていた。その頃に、ETと遭遇するようになったんだ。おそらく、それがきっかけだったんだろう。私と妻は水晶やチャネリングなど、超自然的な領域に関する事柄に興味をもつようになった。エネルギー・ヒーリングも研究するようになって、結局、私たちはホテル業を辞めたよ。

ニューヨークには、エネルギー・ヒーリングの学校として、アメリカで最高レベルにある〈バーバラ・ブレナン治療学院〉がある。私たちは夫婦で、そこに通ったんだ。

私が自分のET体験を思い出し、意識がある状態で遭遇を体験するようになったのは、一九八九年のことだった。ただし私自身は、エイリアンによって肉体の症状を癒されたことはない。こうした体験は非常に霊的なものだったから、霊的なレベルで大いに癒されたことは間違いないけどね。

その後、一九九二年にジョン・マック博士*に会った私は、積極的に記憶の探求を始めるようになった。なぜETたちが私を導いてホテル経営ではなく、エネルギー・ヒーリングに向かわせたのか？　それはまだわからない。それでも、私が記憶の探求を始め、エネルギー・ヒーリングを研究するようになると、どんどんET体験を思い出していった。結果として、私はいつの間にか転職を果たしていたよ。

今では私は毎日、自分の治療院で鍼治療とエネルギー・ヒーリングを行っている。プロのシェフでホテル経営者だった私は、鍼灸の資格を有するエネルギー・ヒーラーになっていたんだ。

＊原注　ジョン・マック医学博士＝多くのET遭遇体験者を研究してきた、ハーバード大学の精神科医。彼は全米の体験者たちの教育・研究および支援グループであるPEER（〈異常体験調査研究計画〉付録を参照）の設立者でもある。マック博士の著書『誘拐事件』（参考文献の項を参照）の第十三章にはピーターの話が掲載されている。

最初に言ったように、ヒーラーはエネルギーの〝通路〟にすぎない。ほとんどの場合、自分自身のエネルギーを用いるのではなく、通路となって生命の根源的な力や大地のエネルギー、〝神聖なる何か〟、宇宙エネルギーなどをクライアントに手渡すだけなんだ。とりわけ、優秀なヒーラーは自我を完全に消して無我の状態となり、〝神聖なる何か〟、もしくは神が、自らを通して作用できるようにしないといけない。私もそう努めている。歪みや汚れのない通路、良き神の道具であろうと努めているんだ。

現在、私は一週間に二十人から二十五人のクライアントに会うが、そのなかの一人、二人は、〝誘拐〟を体験していると言っていい。こうしたケースで私は、地球外エネルギーか、誘拐体験のときのバイブレーションに一番近いエネルギーを手渡すことにしている。すると、ほとんどの場合、クライアントたちは体験の際に感じたエネルギーを穏やかに追体験して癒しを得ることができるし、その後のETとの遭遇がスムーズになる。同じETのエネルギーが、なつかしく感じられるようになっていくんだ。

私は催眠療法士ではない。しかし、クライアントが過去に遡ってETの記憶を解放するのをサポートするという意味では、ジョン・マック博士が行っている退行催眠療法に近いと言えるだろう。催眠療法士と違うのは、実際に地球外存在を――エネルギー・レベルで――ヒーリング空間に招き入れて、私とともに、また私を通して働いてもらうところにある。この方法を使えば、誘拐体験に取り組むべく、私の治療院を訪れるクライアントをサポートできるということを、私は知っているんだ。

地球外エネルギーによるヒーリングが、特異な手法であることは間違いない。それでも、ETに関わる問題を抱えてやって来るクライアントには、これが一番なんだよ。なぜなら、彼らの多くにとって〝誘拐〟はトラウマ（心理的外傷）になっているから。私にも体験があるからよくわかるんだが、ETとの遭遇は、本質的に自らの存在に関わるような脅威の体験と言っていい。こうした体験を受け入れるには、心理的な突破口が必要なんだ。

遭遇体験の際に感じたエネルギーを穏やかに追体験することで、ほとんどの場合、トラウマはゆっくりと解放されていく。彼らは心理的な境界を打ち破り、その反対側に到達する。地球外エネルギーがチャネルされてヒーリング・エネルギーとなることで、彼らは一様に落ち着いてくる。それから、やがてETたちとのつながりをなつかしく思ったり、遭遇を切望したりするようになるんだ。

私はこの仕事をするようになって、〝誘拐〟体験とはある種の合意に基づく、ET存在たちとのコンタクト、あるいはコンタクトの再開に過ぎないと確信するようになった。異論を唱える人がいることは知っているが、少なくとも、私が関わった人々は一人残らず、〝誘拐〟が有益な体験だったと認識するようになった。トラウマや情緒的偏見を乗り越えることさえできれば、誰もが自分を〝誘拐〟の被害者とは思わないようになるんだ。

私はそもそも「誘拐」という表現が、恐怖に基づいたレッテルに過ぎないと考えている。だから、否定的な意味合いを帯びた「誘拐」という言葉を使わず、もっと正確に「コンタクト」とか「コンタクトの再開」と呼んでほしいと思っているんだ。

地球外エネルギーを使うヒーリングについて、順を追って説明しよう。

エネルギー・ヒーリングには、「癒しのひも」とか「関係のひも」と呼ばれる概念がある。これは多くの秘教的教えと同じように、人間同士をある関係で結び付けているエネルギーのひも、または糸を意味するものだ。言い換えれば、人は誰もがエネルギーの流れを通じて家族や友人たち、関係のある人々とつながっている。それが、私たちを結び付けている関係性の〝ひも〟なんだ。

ところで、こうしたひもが物理的レベルではなく、エーテル・レベル、エネルギー・レベルに存在するということはわかるよね？ ETたちと私たちの関係について言えば、それらのひもはほとんどの場合、頭部の右側にある私たちの聖域とつながっている。

私はヒーリングの最中に、このひもを見ている。そして頭部右側からクライアントのエネルギー場の外に出て、宇宙へと昇っていくひもを、文字通り辿っていくんだ。それは必ず、遭遇体験の相手や前世からの関係性といった、そのクライアントがつながる存在へと通じている。

ただし、ひもがつながっているのが別次元なのか、それとも現実の物理的地点なのか、それは定かではない。実際には地球のレベルを超え、また地球に付属する霊的レベルを超え、こうしたものすべてを超えたところに、別の次元、地球外の次元が存在しているのかもしれない。明らかなのは、それらのひもが本人のエネルギー場を超えて、関係ある存在たちにつながっている……ということだけなのさ。

クライアントが「〝誘拐〟体験に困惑している」「子どもの頃に体験したかもしれないETとのコンタクトを思い出して理解したい」といった理由で私に会いに来るとき、私がすることは、ただ一つ。彼らのひもを辿って、そのつながりを再開することだと言ってもいい。どうやってそれを行うかと言うと、人間の次元にいるクライアントと地球外の次元にいるETたちとの間に、中立的空間を設けるんだ。私はそこに立って自分の意識を分割し、クライアントとETたちとの間の橋渡しを行っているんだよ。

こう言うと大げさに聞こえるが、別に大したことじゃない。相手がETであれ人間であれ、関係性を扱うヒーラーはみんな同じことをしているんだ。一般的な人間関係のトラブルであっても、ヒーラーはまずクライアントとの間に深い信頼関係を築く。次にエネルギー的・物理的にクライアントと関係をもつ別の人との間に、やはり長距離をものともしない深い関係を築き、その上で関係を橋渡しする。こうして、両者がスムーズにエネルギー交流ができるよう、サポートするのがヒーラーの仕事と言ってもいい。その結果、クライアントはより明瞭なレベルで——それまでの経緯とそれに伴う心理状態、トラウマと関わりなく——関係を再開する機会が得られる。私がクライアントとETとの関係を再開するために行っているのも、こういうことなんだ。

私にこういう仕事ができるのは、私自身が〝誘拐〟を体験していることが大きいだろうね。もちろん体験がなくても訓練すればできるようになるが、訓練する上で、ヒーラー自身が〝誘拐〟、そしてETに対する恐怖を乗り越えなくてはならない。私はそういうヒーラーたちの訓練にも当たってきたから、それがそう簡単じゃないことをよく知っているよ。

ETやUFOに関する情報は今、非常に錯綜《さくそう》していて、みんなが違う意見をもっている。「皮膚の色はグレイだ」「いや、青だ」「アークトゥルス星人だ」「いや、違う」「じゃ、彼らはどこから来ているんだ」等々、てんでバラバラなことを言い合っている。当然ながら、「エイリアンは良い存在」と考える人もいれば「悪い存在」と考える人もいる。こういった情報の渦のなかで、ヒーラーは自分自身の心理的投影を乗り越える必要がある。そうして無色透明な中立の空間を設けることができなければ、ET体験にまつわる癒しを求めてやって来るクライアントのサポートなんて、できるわけがないからね。

ヒーラーは、こうした中立の空間を設けて、まずクライアントとの人間的接触を深める。そこでクライアントが安全を感じて、ETとの関係を再開できるようサポートする。中立のヒーリング空間のなかに、ETたちを招き入れるんだ。これはクライアントの先祖や指導霊を招き入れるのと、全く同じことなんだよ。

それから、私はETたちのバイブレーションの通路となり、クライアントがそのバイブレーションを取り込むのをサポートする。このとき多くのクライアントは、エネルギーの第一波を、ゆっくりとして重い「糖蜜」のような感覚で体験するらしい。これがエネルギーの第一レベルで、数分から、ときには三十〜四十分続くこともある。

次のエネルギーである第二波は、体内をより速く、より深く通過する。このエネルギー・レベルは、第一波よりはるかに高いバイブレーションと優れた質をもっているんだ。

高く、また速いバイブレーションをもつエネルギーの第三波は、さらに深いレベルまでやって来る。この波は前の二つのエネルギー・レベルよりも、体内のはるかに深い領域で感じられるらしい。そして、この三つのエネルギー・レベルを受け取りながら、クライアントはヒーリングのプロセスを進んでいくんだ。

ところで、ヒーリングがときに、過去生を意識に上らせる作用があることをご存知かな? 過去生だけじゃない。ヒーリングには、並行世界の生を意識させる側面がある。つまり私たちの意識は、自分の過去生の一部、もしくは別の次元上にある現在の生の一部である存在たちと、関係をもつことができるんだ。

「過去生」という認識には、時間・意識の直線的発展の意味合いが含まれる。いっぽう「並行世界の生」と言うとき、私たちは同時存在的な意識を目覚めさせていく。そして、これこそ、地球外からのエネルギーを受け取ることだと言ってもいいんだ。

では、なぜそれがヒーリングにつながるんだろう? 理由はわからないが、本人がエネルギーを肯定的に受け取るとき、なぜか同じエネルギーによるトラウマは解消されるんだよ。そうやって、クライアントは過去生や誘拐事件と〝和解〟できるんだ。

思うに、人々が体験するトラウマの多くは、異なるエネルギーのバイブレーションを受け損なった結果なんじゃないかな。これは〝誘拐〟体験で言えば、私たち人間と地球外存在のバイブレーションの決定的な相違がトラウマの原因になっている、ということだね。

私たちは人種や文化が異なる人と会うとき、まず相手に合わせようとするし、馴染みのない相手に慣れようと気を遣う。こうして無意識に、異なるバイブレーションを共振させようと努力しているんだ。そして、うまく共振できるようになると、居心地のいい人間関係を築いたと感じられるし、互いにエネルギーがやりとりできる。これは、相手がETであっても同じことなんだよ。ただし彼らは人間じゃないからエネルギーの違い方も半端じゃなく、共振させようという努力も、なかなかできない。だから、トラウマになってしまうんじゃないかな。

最近は、「ETと遭遇したことはないけど、地球外エネルギーを受け取ってヒーリングのプロセスを体験したい」というクライアントも増えている。確かに、このヒーリングをあらかじめ体験することで、ETとのエネルギー的なつながりを築いておける。そうしておけば、私たちが生きている間にコンタクトしてくるはずの存在と、よりスムーズに交流できるだろう（この情報は私自身が遭遇体験から得たものだが、これから地球の変動、惑星規模の変動が起こって、ETたちとのコンタクトが広がっていくらしい）。

この場合、私はトランス状態になってから、自分自身が知っているETたちを招く。すると、私を通して働くある種のエネルギーが、まず私のからだに宿る。そして、非常に集中してロボットのようになった私の指先や手の平から、レーザー光線のようにエネルギーが送り出されるんだ。私はこのエネルギーが、クライアントたちの、ある種の症状に効くのを見てきた。これはその存在たちが、ただ私にエネルギーの使い方を教えているのか、あるいはその存在たちのエネルギーが非常に精妙であることを意味するのか、よくわからない。しかし、それは確かに背中の痛み、膝の障害といった単純な症状には効き目があるらしい。ただし、今のところ、このエネルギーでガンやその他の大きな病気が治ったことはない。

地球外エネルギーにアクセスするとき、私がまず行うのは、聖なるヒーリング空間を創り上げること。それは、このようにして行うんだ。

初めに、私は大地とつながる。それから、私自身の〝関係のひも〟を感じ、ETたちと私自身とのつながりを感じる。こうすると、そのつながりが双方向的に働けるようになる。次に、地球外エネルギーが私を通路として移動し、部屋全体を満たせるようにする。こうやって、エネルギーの特質、もしくはそのバイブレーションを帯びた、聖なるヒーリング空間を創り上げているんだ。

二番目に、私はクライアントが、その存在たちとのつながりを感じられるようにサポートする。それから私は、エネルギーを両者の間に橋渡しする通路となる。これで充分なんだが、こうしていると、次の段階が始まることも少なくない。私はそのエネルギーを手の平や指先を通して、クライアントのからだの様々な場所に流すことになるんだ。

天使や指導霊、先祖の霊といった様々な霊が出現するヒーリングと同じように、私が知っているETが出現することもある。彼らはよく知られている、背の低い「グレイ」として現れることもあれば、別の存在の形態をとることもある。

ヒーリングの最中に、クライアントの物理的肉体*ではなく、エネルギー領域に移植物を発見することもある。この移植物に関しても色々なことが言われているが、私はこうした移植物について、クライアントのエネルギー領域にあるほかのすべてのものと同様、理由があって存在すると考えている。

そこで、私はアストラル界に見える移植物に自分の意識を移し、クライアントがそれを感じられるようにサポートする。そうすることによって、ただ移植物を取り去るのではなく、この時点でなぜそれが自分のエネルギー領域にあるのか、意識を集中してもらうんだ。

＊原注＝アメリカでは多くの移植物が外科的な手術によって実際に取り除かれ、科学的な調査・研究の対象となってきた。このうち一九九八年の『MUFONジャーナル』で公表された報告によると、六つの移植物に関する研究所での分析から、結晶を含む複雑な構造が明らかになっているらしい。この移植物について、隕石の破片ではないかと推測する研究者もいる。これらの移植物が人体にもたらす影響については、まだわかっていない。

こうしていると、ほとんど毎回エーテル体の形態をとって、あるETの案内役が現れる。その案内役が私に、移植物がそこにある理由について、情報をもたらしてくれる。同時に、そこに意識を集中しているクライアントも自ら、情報を受け取る。この情報が、ヒーラーからクライアントに伝えられるのは良くない。クライアント自身が、自分で直接情報を受けとって、ETたちと自分の関係、移植物の意味を理解していく必要があるんだよ。

ときには、この後に移植物が取り除かれ、ETたちに戻されることもある。クライアントのエネルギー領域のバイブレーションを変えるために、移植物が活性化されることはもっと多い。私はそういう事例を、何度も何度も見てきた。だから、ETの案内役から私とクライアントに指示が来ない限り、私は移植物を取り除くつもりは全くないんだよ。

私がジョン・マック博士とともに退行治療を始めてから、ほぼ六年が経とうとしている。今では私も、ETと遭遇できたことに深く感謝しているよ。それは私の人生をあらゆる面で、想像もできないほど変えてしまった。私という人間を、細胞レベルで変えてしまったと言ってもいい。私はもう、六年前と同じ人間じゃないんだ。

私が初めて自分のET体験を打ち明けたとき、家族全員が大きなショックを受けた。それが原因で、友人も失った。自分は気が狂ってきているのだろうか、生まれ故郷で笑い者にされ、妻には逃げられるんじゃないか……。そんな不安と恐怖に押しつぶされそうだったよ。それが、当時の私の精神状態だったんだ。

ET体験には、それくらい心の境界を突き崩す作用がある。しかし、だからこそ、人間の意識を拡大してくれる体験となるんだろう。

当時は私も混乱し、思い悩んだ。家の裏口に座って煙草をふかし、ウィスキーを飲みながら、これらは自分がでっちあげた話なのだろうかと考えた。そのいっぽうで、事実だとしたら、こんな体験を現実と統合させることができるものだろうかと疑問に思った。そのときの私は、「こんな体験なんかしたくなかった」と思っていたんだ。「ETとの遭遇を体験できて良かったか？」

と尋ねられたら、三年前でさえ、「よくわからない」と答えていただろう。

あの体験は、私の結婚生活に大変な緊張をもたらした。妻との関係だけじゃない。この物質世界のすべての関係が大きな緊張にさらされ、ET体験それ自体も、どうとらえたらいいのか、全くわからなかったよ。

でも今では、遭遇体験に感謝しているとはっきり言える。かつては体験したことによって「自分と人は違う」と思い、この世界から切り離された感覚に陥っていた。でも今では、こうした一連の体験によって、妻をはじめ、家族、友人、そして神のことも、いっそう身近に感じられるようになったんだ。

「神」と言っても、特定の宗教的な意味じゃない。私は包括的で宇宙的な意味で、「神」という言葉を使っているんだ。ET体験によって、宇宙にいるのは私たちだけじゃないと、はっきりと知った。神は、私たち人間だけではなく、その姿に似せて多くの存在を創造された。そして死後に私たちは、別の世界、別の生があることも知ることになるだろう。

私は今では人生というものに、持ち家や預貯金、地位、名誉といった、あらゆる物質的価値を超える、豊かな価値があることを確信している。私はETとの遭遇体験によって、はるかに深いレベルで生を生きられるようになったんだ。私はまた、ET体験によって、ほかの人々を手助けする機会も与えられた。私はこれらをすべて、神の賜物だと考えている。そのことに深く感謝しているよ。

第十一章　私はこの地球の出身じゃない

ナンシー・レゲット――天界からのヒーラー

ナンシー・レゲットはアメリカ南部とハイチで、外交官の娘として育った。現在、彼女は五十一歳。フロリダ南部の大都市で、病院に医療事務員として勤務している。そう、ナンシーは私が行ったガンセンターの、あのベンチに座っていた女性であり、私の甲状腺をスキャンするために青色光線を用いたヒーラーである。

ナンシーは、今日の医療に対して最も過激な信念をもつ、小さな療法家のグループに属している。そこではナンシーのようなヒーラーたちが、最近人気のある代替療法を超えた、過激な代替療法を提供している。ナンシーのような〝天界からのヒーラー〟と共同作業をするには、視野を広げ、全幅の信頼を寄せて身をゆだねる勇気と努力が必要かもしれない。でも、そうすることさえできれば、必ず事態が好転することを私は知っている。

今日の生物医学的認識の最先端には、バイブレーション医療、またはエネルギー医療と呼ばれる医療がある。現在、肉体の周囲にある〝見えないエネルギー場〟が、私たちの健康に与える影響は、科学的にも知られつつあると言っていいだろう。こうしたエネルギー場は、変動する周波数の領域に生じ、本質はたぶん電磁気で、振動帯として存在する統一場の一つとみなされている。エネルギー医療において、あらゆる病気はこのエネルギー場の、バイブレーションの乱れが原因と考えられる。肉体を一種のラジオとみなすなら、健康な肉体は正しい「チャンネル」に「合っている」ときに存在し、周波数がズレたままになっていると、結果的に、それは病気として肉体に現れる。だからエネルギー・ヒーラーは見えないエネルギー場にアクセスして、クライアントのバイブレーションを整え、健康になるための適切な「チャンネル」に合わせていくのだ。

＊　＊　＊

私は生まれついてのヒーラーで、それは賜物なの。ほんの子どもの頃から、私は自分がヒーラーだということがわかっていた。でも、実際に探究を始めたのは、三十代になってからだったわ。私はその頃からアメリカ先住民の伝統を研究するようになって、やがてETとのコンタクトを、はっきりそれと自覚できるようになっていったの。*

それ以前も絶えずコンタクトはしていたけど、それが何なのか、よくわかっていなかった。でも私は幼い頃から、ETたちにとても親しみを感じていたのよ。今では、自分が彼らに属していると感じているわ。そして実際、私は彼らに属しているの。この地球の出身じゃないんだから。

＊**原注**＝何世代にもわたって、各地の先住民たちは、彼らが「星の人」と呼ぶ存在とのコンタクトを体験してきている。そのため、彼らの世界観にはETとの関係が組み込まれている場合が多い。

成長するにつれて、私は自分のことを変わり者だと思うようになった。ほかの人とは違う、はみ出し者だと自覚するようになったのね。今でも、ほかの人たちと関係を結ぶのは苦手よ。三次元のレベルで人と交流するのは、とても難しい。だから私には、私のレベルで話が通じる、ごく少数の親友しかいないの。

私は、ごく幼い頃からETたちとコンタクトしていた。想像上の友達がいて、いつも彼らと遊んでいたのよ。そんな私を、両親は精神科医のところに連れて行ったわ。〝はみ出し者〟の私にとって、この世界は馴染みにくい場所だった。でもETたちといると、安らぎを感じられたわ。なぜって、彼らは私のことを理解してくれたから。彼らこそ、私の本当の家族だったのよ。

父が亡くなってから、私は催眠療法に取り組むようになった。ある夜、私は瞑想して、自己催眠状態で水晶を使ったわ。そうしたら、何が起こったと思う？　夜が明けると、私の人生は変わっていたの。それは、まるで爆弾のようだった。エネルギーがあまりに大きくて、〝爆発〟せざるを得なかったのよ。

その後、私が一人暮らしを始めてからは、ETたちと頻繁にコンタクトするようになったわ。でも実際のところ、彼らはその前からずっと、そこにいた。私が目覚めた状態でコンタクトしていなかっただけなのよ。

一九八七年に、私は〝志願者〟――ほかの惑星から人間の肉体に宿った魂――の人々と接触するようになった。私はその頃からアークトゥルス星人やプレアデス星人*について学び、彼らの技術を使い始めたの。

それは、この地球では「バイブレーション医療」「エネルギー医療」と呼ばれる範疇の技術だった。人々のバイブレーションを高めるために、私は人々に「タキオン」*や「エーセリウムゴールド」を使うように勧めることもある。どちらも肉体のバイブレーションを高めるのに役立つものよ。

私たちはもうすぐ、地球全体で大きなエネルギー変動を体験することになる。そのとき、自分のバイブレーションが高ければ高いほどいいの。そうね。まさに今、私たちが高いバイブレーションに移行しつつあることは、知っておいたほうがいいと思うわ。この地球が惑星ごと、五次元に上昇している真っ最中なんだから。それは、今起こりつつあって、私たちはそこに居合わせているの！　あらゆるものが崩れ落ち、既存の枠組みが崩壊しつつある。これは避けられないことなのよ。

＊原注　プレアデス＝数百の恒星から成る、牡牛座のなかの星団。

＊原注　タキオン製品＝光より速い自由エネルギー形態と言われるタキオンエネルギーからできている。

タキオン、エーセリウムゴールドをはじめ、私が研究している技術はすべて、ETたちの導きによるものよ。たとえば、プレアデス星人は私たちにエーセリウムゴールドを摂取するように勧めているわ。それは洗剤のように機能して、私たちのバイブレーションに負担をかけている情緒的重荷を、洗い流すサポートになってくれるんですって。

それから、タキオンのことを教えてくれたのはアークトゥルス星人なの。タキオンについて研究するうちに、今ではその配給まで私の仕事になったのよ。アークトゥルス星人はタキオンエネルギーとともに働くから、私ももっぱらタキオンを使っているわ。

というのも、私を導いているのはアークトゥルス星人だから。私はそう確信しているの。それに、私は同じようなことを以前に、別の生で行っていたことも感じてる。ほかにも、たくさんのことがアークトゥルス星人によって、もたらされたわ。それはまるで、イニシエーション（伝授）を受け続けてきたような感じね。


私は反射療法*を含む様々な物理療法を組み合わせてヒーリングをするんだけど、その手法もみんな、ETたちに教えてもらったものなの。私はいつも青い光を使うわ。というのは、私が青色光線《コバルト・ブルー》の持ち主だから（これはETたちに言われたことよ。彼らによると、誰もが自分の色をもっているらしいわ）。私は瞑想状態または半トランス状態に入ってから、クライアントの患部に、このコバルト・ブルーの光を当てて注ぎ入れるの*。ほかの色を使うこともあるけど、私が使う基本色がコバルト・ブルーなのよ。今では何かを見つめていると、コバルトの輝きが見えてくるから、自分のバイブレーションが高まりつつあることがわかるわ。

＊訳注　反射療法＝足の裏などをマッサージすることにより全身の血行をよくしたり、緊張をほぐしたりする治療法だが、ここでは単に足を対象とするわけではない。

＊原注　コバルト・ブルーの光を当てて……＝アークトゥルス星人の教えによれば、治療を受ける側の振動周波数が、光の結晶場により加速される必要があるらしい。

私がヒーリングするようになったのは、友人に咽喉ガンの少女を診てくれと頼まれたのが、きっかけだった。そのとき、私はその少女を相手に、初めてサイキック的な手術を行ったの。ヒーリングを行うとき、私はいつもトランス状態になるわ。このトランス状態に入ると、完璧に導かれるような感じがする。何を取り除き、何を取り除いてはならないか、導かれているようにはっきりとわかる。そこで、私は取り除いてはふさぎ、取り除いてはふさぐというサイキック的手術を行っていくのよ。

ヒーリングのプロセスにおいて障害物であれば除去するけど、今まで移植物が障害になっていたケースはなかったわ。むしろ、移植物はサポートになっているんじゃないかしら。

初めてサイキック的な手術を行った少女は、その後、医者にかかって咽頭ガンが治っていることがわかった。医者はすでに行っていた放射線療法による癒着跡すら見つけることができなかったのよ。それを見て医者は、「君が何をしたのかわからないけれど、尋ねようとも思わない。奇跡としか言いようがないからね」と言ったらしいわ。

それが、ちょうど五年前のこと。それ以降、私はごく少数の人々を対象にヒーリングを行ってきた。そう。大勢の人を相手に、いつもヒーリングを行っているわけではないの。きっとどこかにためらいがあるのね。時々、「私は何をやっているんだろう?」と思うくらいだから……。こんな気持ち、わかってもらえるかしら? たぶん自分がしていることに、どこか自信がもてないんだと思うわ。

でも、これだけははっきり言える。誰でも、もし本当に癒されたいと思うなら、恐れないことが肝心よ。みんな〝恐れない〟ということを学ばなくちゃ。恐怖こそが人間に限界を設けているんだから。

ご存知のように、光の人々は向こう側にいるわ。そして彼らと私たちは、残りの人々のために道を切り開いてきた。それを信頼する必要があるのよ。光の人々はこう言っている。「肉体の痛みや医学的な治療を、必ずしも体験する必要はないんだよ」って。そしてそれには、まず自分自身を精神的に、霊的に眺めること。そしてその次に、肉体的に眺めるという順序が大切なの。なぜって、人々の体験は、実はとても霊的、精神的または情緒的な原因から来ているものが多いんだから。

私はこのことを、今までもたくさんの人に伝えてきたわ。というのは、私は一般的な医療システムのなかで働いているから。そしてそこには、癒しをもたらすような霊性が存在していないから。

たとえば、医療事務員として会計書類を管理している私は、今日も医師、会計士と働いてきたんだけど、彼らが話している内容はいつも、ほとんどが数字なの。人ではなく、症状でもなく、数字なのよ！　ショックで、「ねぇ、ここは工場なの？」と聞きたくなったわ。

実際、ここには毎日のように人々が、まるで牛のように送り込まれてくる。確かに、手術を必要とする人もいるでしょうけど。でも、どれだけ多くの人が〝数字〟のために送り込まれてくるの？　私は毎日そこにいて、それを見続けているのよ。

実は、この病院には一人、私がタキオンを使ってヒーリングしている医師がいる。さっき話したように、私は大勢の人にヒーリングするわけじゃない。でも、もし私が私のやり方で彼のバイブレーションを変えたら？　たった一人しかヒーリングしなくても、私は彼とともに働いている全員を変えることになる。さらにそれが、周囲にさざ波のように影響を広げ、全体に変化をもたらすことだって可能なのよ。

たぶん私は、こういった微妙なやり方で変化をもたらすために、この病院にいるんだと思う。私は職場に、自分の治療道具を持っていく。そして頭痛に悩む同僚がいれば、ヒーリングを行っているの。同僚の数人には、タキオンも売ったわ。サンプルを持ち歩き、それでヒーリングを行う。そうすることで、関心が次第に高まってきているのよ。

あるとき、毎晩のように酒場に立ち寄っている同僚に、タキオンとゴールドでヒーリングをしてあげたこともあるわ。そうしたら、なぜか酒場通いが必要なくなった。「人生が一変した」と彼女は喜んでいたわ。ただ、すべての人を助けることはできない。私は一度に一人ずつ、手助けしているの。

私がETの存在に気づいてから、もうずいぶん長い時が経ったわ。今では、この地球におびただしい数のETが存在していることを、私は知っている。それはまるで、スーパーマーケットの屋上にある駐車場みたい。アンドロメダ星人、アークトゥルス星人、プレアデス星人、誘拐事件を起こしているオリオン星人、「グレイ」、レチクル座のゼータ星人等々。地球上空の〝駐車場〟に、それだけたくさんのUFOが停まっているのよ。

その一方で、「自分は誘拐された」と主張する〝被誘拐者〟たちも大勢いる。彼らは、周囲から異常だと見られていると感じ、自分たちは犠牲者だと考えているのよ。そして多くの人々が、地球外存在たちがこの惑星を乗っ取ろうとしていると恐れている。それが、映画やマスコミで私たちに提供されている観念なのね。

でも、それは真実じゃない。彼らは地球を乗っ取るために、ここにいるんじゃないの。だって彼らには、この地球のバイブレーションを扱うことはできないんだから。彼らにとって、地球のバイブレーションは濃密すぎて、まるでフルーツゼリーみたいなものなのよ。それじゃ、なぜ彼らはここにいるのか？　それは、私たちが今、上昇して、五次元に入りつつあるから。彼らはそれを手助けするために、ここに来ているのよ。

そんなかで、ますます多くの人々が、ETたちが地球にいるという事実に気づき始めてる。

いえ、気づかざるを得なくなってきているのね。人々の意識は上昇しつつある。これは事実よ。光はどんどん入ってきているんだから。

いずれ、私たちはみんな、地球外存在を目撃することになるでしょう。それは避けられない体験だわ。なぜなら、繰り返すけれど、この地球自体が五次元に上昇しつつあるから。つまり、母なる地球が次元上昇するにつれて、ベールが剝がれ落ちつつある……ということなのよ。

第十二章　水晶で脳を浄化する

イングリッド・パーネル――愛のヒーラー

トリニダード島に生まれたイングリッド・パーネルは、スウェーデン人とスコットランド人を先祖にもつ六十五歳の女性である。彼女は一九七八年にアメリカに移住し、一九八四年に市民権を得た。以来十二年以上にわたって、保健主事として二人の産科医のもとで働いてきた。

心の温かいイングリッドは、彼女と会う人々を、たちまち歌のメロディーのようなトリニダードなまりで魅了してしまう。現在、彼女は公認の催眠療法士であり、手当て療法を行うヒーラーでもある。ナンシー・レゲットとともに、私に天界からのヒーリング（第十七章を参照）を行ってくれたイングリッドに、私はインタビューを申し込んだ。

＊　＊　＊

それが本当かどうかはともかく、私は自分のことを愛のヒーラーだと思っているの。私はいつも人々にこう教えているわ。「自分を愛し、何が起ころうとも、人生をあるがままに受け入れるように」と。そして、「人生に起こる様々な出来事を超越し、この世界を渡っていくように」って。なぜなら、人生に起こってくる障害や苦境は何であれ、私たちを強くするために起こっていることなんだから。

まだほんの少女の頃から、私は聞き役にまわることが多かった。なぜか、みんなが私のところへ話しに来たの。そしてついに、私はヒーリングに携わるようになった。何が私を導いたのか、それはわからないわ。ただ、それが私のするべきことだと感じたのよ。

私はトリニダード島で生まれ育ったから、アメリカ人は私に会うと、みんな私の島なまりのとりこになるわ。トリニダード島はたくさんの人種や宗教が入り混じった土地で、島人はみんな他文化に寛容な、楽しい人たちなのよ。

そんなトリニダード島で、私は幼い頃から、地球や星々、動物、人々と調和して暮らしてきた。長い間、アメリカ先住民とも強いつながりを感じてきたわ。ただ、私の母は恐怖と結びついた、厳格な伝統的宗教しか認めていなかった。だから私は島を離れ、アメリカに来て初めて、自分の魂の奥底にあるものに心を開けるようになったの。

*

現在、私は催眠療法士であり、また手当て療法を行う施術者でもある。ほかの人たちとグループで、アークトゥルス星人と密接な関係をもって働いているの。アークトゥルス星人というのは、私たち地球人を手助けしているETのこと。彼らは私たちがほかの生命を尊重できるよう、神から授かったはかり知れない力を理解できるよう、サポートしてくれているのよ。

＊原注　手当て療法＝「光の手当て療法」としても知られる。手の平を患部に当てることで施術者が媒介となってエネルギーを注ぎ込み、癒しをもたらす。

私は催眠療法と手当て療法の両方を学ぶうちに、この二つに共通点があることに気づいた。それは、どちらも神と宇宙に対して〝通路〟となれるよう、自分自身を開くことが求められる、ということ。つまり、ヒーラーはエネルギーの水路になる必要があるんでしょうね。

だから私たちは信頼し、利用できる癒しのエネルギー、癒しの生命力に対して、まず自分自身を開くの。自分がどんな人間であれ、癒しに必要なものは自分を通路として、クライアントに流れ込んでいく……ということを信頼するのよ。大事なのは、クライアントが誰であろうと、害になるものではなく、彼らが必要とするものが流れ込んでいく……と信じること。流れ込むものが肉体的、精神的なエネルギーであろうと、あるいは霊的なエネルギーであろうと、それは重要なことじゃないわ。

この種のヒーリングをするのは、本当に素晴らしい体験なのよ。私は〝通路〟になるたびに、自分自身、何かをたくさん受け取っているような気がする。だから私はヒーリングが本当に大好きだし、いつか専念できるようになりたいと思っているわ。

できれば私は、ガンと診断されたクライアントさんをサポートしたい。しかも、それを快く許可してくれるお医者さんといっしょに。その結果、ガンが治癒するのか、あるいはクライアントさんが〝この生を離れるとき〟を受け入れることになるのか、それはわからないけど。いずれにしても、私は病気と取り組む人々をサポートしたいと思っているの。

私たちがヒーリングをするとき、癒しのエネルギーはどこから来ているかって？　それは、単一の概念でくくれるようなものじゃないわ。ソース（源）、神、あるいは宇宙と呼ぶ人もいる。何であれ、宇宙的なエネルギーであることは間違いないでしょうね。私を通してやってくるそのエネルギーはあまりにも壮大だから、私は、それが神をソースとするエネルギーだと確信してる。とにかく私がこれまで知っている、すべてを超えるものだということは間違いないわ。

ヒーリングを行うときは、手を当てる場所も導かれているような感じよ。からだの様々な場所に移動させていることもあれば、ほとんどの時間、両手を特定の箇所に当てていることもある。何も考えないようにしていると、手がエネルギーの必要な箇所へ、自然と向かうから、私はただその流れに身を任せているの。

ヒーリングは決して簡単なことじゃないけれど、私たちにはそれができる。とりわけ周囲に様々なエネルギーが満ちていることを、私たちが信じるなら。そのエネルギーを神、天使と呼ぼうと、宇宙と呼ぼうと、それが私たちの周囲に遍在していることが信じられるなら、何でもいい。何の宗教を信じていてもいいの。何であれ、結局は同じものなんだから。重要なのは、誰であれ、私たちを助けようとしている存在がここにいて、何であれ、私たちを助けるためのエネルギーが周囲に満ちあふれていると、信じることなのよ。

私の最初のET体験は、とても奇妙で、そして素晴らしいものだった。きっかけは、あるサイキック関係の見本市に行って、そこでプレアデス星人に関する本を買ったこと。当時、私は彼らについて何も知らなかったけど、何となくその本には惹かれるものがあったの。

翌日の日曜日、私はベッドに寝転んで、その本を読み始めた。それは、うっとりするような内容だったわ。そしてその後、私は〝夢〟を見た――。といっても、それが夢じゃないことに、すぐに気づいたけど。第一、私は普段から昼寝なんてしたこともなかったしね。

それは、驚くべき体験だったわ。まず、私はある存在が隣にいることを感じた。その存在は、なんとなく男性のようだったから、「彼」と呼ぶわね。彼は、私の頭を両手で優しく、そっとはさんだ。かと思ったら、美しい水晶のようなものを取り出し、それを私の右のこめかみに強く押し付けた。彼はそのまま、顔の輪郭に沿って強い圧力を加えながら、あごまでまっすぐ降ろして行ったの。

あまりにも強く押し付けられていたから、私は耐え難く、悲鳴をあげそうになったくらいだった。でも水晶があごのところまで来たとき、突然何かが鼻からほとばしり出たの！　それはまるで、何かが私の脳から引っぱり出されたような感じだった。出てきたのは液体なのに、固体に近いような奇妙な物体で、何だか信じられない気分だったわ。

同時に、彼は水晶を外して、私の頭から両手をそっと放した。そのとき私は、大きな安堵感でいっぱいになっていたの。この体験で一番不思議だったのは、私自身、怖がることも脅えることもなく事態を受け入れていた、ということ。起こったことに仰天したのは、ずいぶん時間が経ってからだったのよ。私は後になって、「あれは何だったのかしら?」と思ったの。

今では、このとき彼は私の脳内を浄化してくれたんだと思ってる。彼はどこかほかの場所、ひょっとしたら別の惑星、別の世界から来たのかもしれない。私たちよりはるかに多くのことを知っている存在だから、何か特殊な方法で、私のなかにあった何らかの障害を取り除いてくれたのよ。

そしてその結果、私は物事を違った見方で見られるようになり、違った働き方ができるようになった。そうとしか思えないくらい、それは強力なパワーだったわ。私は恐怖を感じないどころか、畏敬の念に打たれていたんだもの。

これは四、五年前のことだけど、それから私は迷うことがなくなった。自分の知覚、直感、内なる強さに従うようになり、自分が行うべきはヒーリングだという確信をもって、この道を邁進するようになったの。だから、あの体験が私の人生を変えたと言っても過言ではないでしょうね。

私は、ナンシー・レゲット(第十一章を参照)といっしょに働くのが大好き。彼女が行っているのは、私とはまた違うタイプのヒーリングで、私たちは異なる惑星から異なるエネルギーを受け取っているのよ。

ナンシーとヒーリングをしていて、不思議な体験をしたこともあるわ。それは、二年ほど前のこと。ナンシーがサイキック・ヒーリングを行うために、初めて私に手伝いを頼んだときに起こったの。

私たちは、背中に大変な痛みを抱えていた、ある女性の家にヒーリングに出向いた。このときの私の任務は、クライアントの背中に両手を当て、宇宙エネルギーが私を通って彼女に注がれるようにすることだった。ナンシーが彼女を治療している間、私は彼女がヒーリングを落ち着いて受け入れられるように、そうやってサポートしていたのよ。

そのまま約一時間が経過した頃、突然、私の目にはナンシーが違って見え始めた。彼女が、どこか別の所から来た男性の存在のように見えてきたのよ！　これはもう、私が知っているいつものナンシーではない——。私がそう感じると、その存在は、まっすぐ私を見つめて微笑んだ。それはまるでテレパシーで、「覚えてるかい？　私たちが以前、こういうことを何度も行っていたことを」と言っているかのようだった。それから、その存在は私に何とも不思議な笑みを見せたの。「心配しなくても大丈夫。あなたにとっては全部、すでに経験してきたことなんだから」と勇気づけるように……。それから、その存在は立ち去り、気がつくといつものナンシーが戻って来ていたわ。

もしあなたが、この種のヒーリングに興味をもっているのなら、タキオン（第十一章を参照）を試してみたらいいと思う。タキオンは私たちが心に芯をもち、周囲のエネルギーとつながりを感じ、からだを浄化するのをサポートしてくれるのよ。

ほかにも私は人々に、色々なことを勧めてる。たとえば、心にイメージを上手に描けるよう、トレーニングすることも大切だわ。私たちの周囲には、誰もが利用できるエネルギーが満ちあふれている。だから瞑想して、美しい光が自分のなかに入ってくる様子をイメージするといいの。白い光、あるいは何でもいいから好きな色の光が、からだのなかに入ってくることをイメージしてごらんなさい。そうすることによって、あなたは体内のすべての細胞を再生して、若返らせることができるのよ。

光をからだに取り入れるには、こんなイメージ・トレーニングも役に立つわ。まず、光を心に描き、その光をあなたの内部に招き入れるの。それから、光をからだじゅうに移動させたり、全身を光で満たす。五秒もあれば、できることよ。これはベッドに寝たままでもできるし、背骨をまっすぐ伸ばして座り、流れ込む光を受け入れてもいい。

何らかの症状があるときは、痛みのある場所や、からだの辛い部分に光を集めるといいわ。そこに光をイメージして、光が大きく明るくなり、その部分を癒している様子を思い描くの。とにかく健康を維持するために、あらゆるエネルギーが活用できるということを知っていてね。それから、こういうことを子どもたちに教えてあげるのも素敵なことだと思う。私はいつも、孫たちといっしょに瞑想しているの。

私は、孫たちにこんなふうにして、誘導瞑想するわ。「大きな、青く美しい星が一つ、頭上にあるとイメージして」。「さあ、その星が爆発して、無数の小さな青い星に分かれていくところを見て。それはあなたの頭上から降り注いで、すべてあなたのなかに吸い込まれていく……」。「今、あなたのからだ全体が、小さな青い星のかけらといっしょに、わくわくしてジンジン鳴っている。足の先から指先、頭の先まで……すべてがわくわくジンジン鳴り響き、あなたの全身の細胞を癒しているわ。そうやって、あなたが健康でいられるよう、サポートしてくれているのよ」――という感じでね。

私の孫は七歳と十歳の子どもだけど、二人ともこのイメージの視覚化が大好きなのよ。そのほか、私はいつも素敵なテーブルの上でヒーリングをするんだけど、彼らはそれも大好き。いつも、そのテーブルの上に上がりたくてうずうずしているのよ。

私は今、ちょうど六十五歳。でも、人生がクルリと向きを変えて、まさに魂の冒険を生きている真っ最中なのよ。

第十三章　音調でエネルギー場を変える

デイビッド・ミラー——ＥＴおよび天界の存在たちのチャネラー

デイビッド・ミラーは五十二歳で、現在アリゾナ州プレスコットに住む。彼はトランス媒体であり、ＥＴおよび天界の存在たちのメッセージを、目覚めたままの状態でチャネルするサイキック能力者である。

彼が主宰する瞑想プロジェクト〈グループ40〉のメンバーは世界中に点在し、彼がアークトゥルス星人のエネルギーをチャネルしている間、ともに瞑想を行う。地球のバイブレーションを上昇させる目的で行われている、この集団瞑想の際、各メンバーが個人的な癒しを体験していることも多い。

デイビッドのチャネリングによる著作『アークトゥルス星人との関わり』は、一九九八年に出版された。また、彼が私のために行ったチャネリングの録音筆記録は第十七章に掲載したので、参考にしてほしい。デイビッドはこのインタビューにより、チャネリングとヒーリングの起源について、極めて興味深い洞察を披露してくれた。

＊　＊　＊

私が初めてチャネリングをしたのは、六年前のことだった。それは、妻とグランドキャニオンにキャンプ旅行に出かけたときに起こった。私たちは四輪駆動車で、ノースリムの美しい見晴らしが望める高台のひとつ、「荘厳の地」と呼ばれる場所を目指す旅に出た。そして、その目的地に到着して瞑想していたとき、私は突然、妻の過去生について語り出していたんだ。この〝自動発話〟は、その翌日も続いた。それが、私にとっての最初のチャネリング体験だったんだよ。

それ以前に、私は十六年間にわたってユダヤ神秘主義を研究していた。長いこと、超自然的な領域に興味があったのさ。そして、〝自動発話〟を体験した後、チャネリングについて研究するようになって初めて、古代のラビ（訳注＝ユダヤ教の指導者）の多くがトランス媒体だったことに気づいたんだ。

そのうち私はチャネリングで、教師である一人のラビから、メッセージを受け取るようになった。それが、私がチャネルした最初の存在だった。彼は一年ほど私のそばにいて、この分野の研究を助けてくれたよ。

また、私は情報を求めて、チャネラーに関する講演会にも参加するようになった。ほかのトランス媒体の仕事ぶりを見るために、アリゾナ州のセドナで行われていたチャネリングのイベントにもよく出向いたよ。

そして、そこで会った友人が私に、『私たちアークトゥルス星人』という本をくれたんだ。その本の内容には大きな感銘を受けたが、それだけじゃなかった。三章ほど読み進めて、その本を下に置いた瞬間から、私はアークトゥルス星人とのチャネリングを始めていたんだ！　ちなみに、このアークトゥルス星人は、私が初めてチャネルした地球外存在だった。

あるとき、ほかのチャネラーたちと知り合って、彼らと数時間をいっしょに過ごした。すると、私は何かをキャッチして、彼らがチャネルしていた存在をチャネルできるようになっていた。それはたぶん、ほかのチャネラーたちからエネルギー的な刺激を受けたんだろう。

ただし、これは私にとって、よくある話というわけではない。私の場合、ふつうチャネルできる相手は限られている。アークトゥルス星人のように、私自身が強い共鳴を感じる相手じゃないと、チャネリングが成り立たないんだ。

強い共鳴を感じると言っても、アークトゥルス星人は五次元存在だから、私たち地球人にとっては異次元の存在ということになる。彼らは、〈スターゲート〉と呼ばれる、ある次元の、非常に高いエネルギー・ポイントを管理している存在なんだ。

〈スターゲート〉とは何かって？　私も詳しくは知らない。何度かそれについて、チャネルした程度なんだ。エドガー・ケイシーのリーディングにも、それに関する言及が幾つか残されているよ。ケイシーによれば、私たちは地球での生涯を終えると、浄化のための〝中央関門《セントラル・ゲートウエイ》〟を通り抜けるらしい。〝中央関門〟はケイシーではなく私の言葉だが、これが、〈スターゲート〉のことなんだと思う。そしてこの〈スターゲート〉を守り、監視しているのが、アークトゥルス星人なんだ。彼らはそこで、私たちが五次元の体験に入って行けるよう、サポートしている――。少なくとも私は、そうとらえているんだ。

地球の周囲にはある種のエネルギー場があって、人は死ぬと、そのエネルギー場に入っていく。それから肉体をもって生まれ変わり、またここに戻ってくる。しかし、五次元世界に入った者は、こうした輪廻転生を超越した存在になる。五次元世界は私たちの次元よりも高く、そこは、地球上でのあらゆる体験を超えた世界だから。それで、いったん五次元世界に入ると、もはやこの地球上に生まれ変わることはないんだ。

五次元には、地球上に存在するような二元性が存在しない。だからアークトゥルス星人、プレアデス星人といった五次元存在たちは、生と死、善と悪といった対立概念をもたない。当然そこには、恐怖も存在しないのさ。こういう次元に入っていくためには、かなりエネルギーを高める必要がある。憎悪や暴力、恐怖をもったままでは、どうしたって入っていけない次元なんだよ。

ただ、こういう次元に達したいと願うなら、必ずサポートは得られるだろう。なぜなら、そういう人々を手助けすることが、アークトゥルス星人の使命の一つだから。彼らは様々な方法を使って、私たち人間に多くの教えをもたらしている。アークトゥルス星人のメッセージをチャネルしている人は、地球上にたくさんいるんだ。

アークトゥルス星人は、人間とは全く異なる形態をしている。彼らは、次元と次元の間にある

〝回廊〟地帯に宇宙船を停めているんだが、その船内には、「癒しの部屋」と呼ばれる場所がある。そして、瞑想中の私たちをその癒しの部屋に連れて行ってくれることがあるんだ。もし、私たちがそれを望むなら……。

私たちはその場所で、アークトゥルス星人の特殊なバイブレーションを体験することになる。そこには、特殊な音調、そして彼らが私たちに使う特殊な結晶が用意されているんだよ。

と言っても、この肉体ごと行くわけじゃない。私たちのエーテル体だけが、その癒しの場所に招かれる。私の理解するところでは、彼らはそこで、私たちがエーテル体を癒す手助けをしてくれるのだろう。エーテル体というのは、肉体の周囲にある目に見えないエネルギー場のことで、私たちの〝もうひとつのからだ〟と言ってもいい。それは、一種の精神エネルギーのようなものなんだ。

エーテル体は、肉体を置いて移動することができる。こうした〝アストラル移動〟によって私たちはアークトゥルス星人の癒しの部屋を訪ね、そこでエーテル体を癒すサポートを受ける。そうすると、その後エーテル体が肉体に戻ったとき、結果として肉体の癒しを体験できるんだよ。

それに、私たちは地球という、多くの恐怖や憎悪がうずまく低バイブレーション地帯に生きている。たとえ一時的であっても、こうしたエネルギー場から抜け出すことは、それだけで癒しの効果が得られるんだ。そのためにできることがあれば、何だってチャレンジしたほうがいい。もちろん、簡単なことではないけれど。

ところで、アークトゥルス星人とチャネリングする際に、私自身も癒しを体験したことがある。

このヒーリングは、何らかの音や音調と関係があるらしい。私はアークトゥルス星人とともにヒーリングを行うために、音や音調を使えるよう習熟する必要もあった。詳しいことはわからないが、チャネリングによって一定の音調をもたらすと、その音調は人のエネルギー場を変えることができるんだと思う。

こうしたヒーリングは、単に言葉によるものではなく、チャネルされたエネルギーによってもたらされる。これは、言葉だけに頼る傾向がある私たち地球人にとって、興味深い話だろう？でも実際に、こんなふうに言葉を介さない、エネルギーのチャネリングもあるんだ。この場合、チャネル（通路）は単なるテレパシーによる思考の経路ではなく、エネルギーの通路となる。そうすることによって、人々に癒しの効果がある様々なエネルギーをもたらすことができるんだよ。

私はグループでチャネリングをしていて、いわゆる〝創造主からの聖なる光〟を呼び込んだことがある。このとき、会の終了後に、ある参加者の女性が両足に火傷の跡を発見した。それは、聖なる光がもたらした、エネルギーによる火ぶくれだったんだ！

彼女は、あまりに高いエネルギーの中にいたから火傷を起こしたのではないか、と手紙をくれた。こんなにも高次のエネルギーを体験できたのは、そのときが初めてだったそうだ。彼女がくれた手紙*によると、それはそれは素晴らしい、調和と安らぎに満ちた体験だったそうだ。

***原注　彼女がくれた手紙**＝以下はその女性より、デイビッド・ミラーに寄せられた手紙から。「私の両膝の後ろ側は、大きな火傷を負い、実際に火ぶくれを起こしていました。

しかし、なぜかその火ぶくれは冷たく、熱によって引き起こされたようには見えませんでした。しかも、その火傷はすぐ治って、正常な皮膚に戻ったのです。誰かほかに、このようなことを体験された方はいるのでしょうか？」

また、チャネリングによって、ベル麻痺*が快癒した女性もいる。彼女は医者に、「治るかどうかわからない」と告げられていた。そこで私たちはチャネリングによるヒーリングの会を開き、エネルギーを彼女のエネルギー場に移したんだ。

すると、数週間も経たないうちに、彼女はほぼ完全に回復していた。それが会のヒーリングによるものかどうか、断言はできない。しかし、治った理由は彼女にとって問題ではなかった。四十一歳で突如として発症したベル麻痺から解放されたことのほうが、彼女にとってはずっと重要なことだったからだ。

***原注　ベル麻痺**＝顔面筋の麻痺を伴う神経疾患で、口と片方の目を閉じることができなくなる。腫瘍もしくは顔面神経への物理的損傷が原因である場合を除いて、一般的には発症に至るプロセスは解明されていない。

とは言え、アークトゥルス星人は私たちの〝救い主〟というわけじゃない。彼らが私たちを、道具として使うこともあるだろう。ただ、私たちが「耐えられること」を超えて、彼らが何かをすることはあり得ない。それは確かだ。

なかにはチャネラーに、こんなことを尋ねる人もいる。「サイキック能力者なら、どうしてこの腫瘍を除去してくれないの？」「チャネリングができるのに、どうしてすべてのことがわからないの？」と。しかし、どうか私たちが〝道具〟に過ぎないということを思い出してほしい。アークトゥルス星人であれ、誰であれ、私たちがチャネルする存在たちは、本人のカルマに介入するつもりはない。

チャネラーのカルマの一部が、テレパシー的に、高次の存在たちに触れてしまうことはあるだろう。それでも、彼らは私たちをスーパーマン、あるいはスーパーウーマンに変えようとは思っていない。チャネリングは一つの相互作用に過ぎないし、彼らは高い能力によって、チャネラーが最先端に留まることをサポートしているだけなんだよ。

そんななかで、チャネラーはときに〝奇跡〟と言ってもいいような、並外れた体験をすることがある。また、頑迷な人を相手にして、彼らの心を動かせないこともある。またあるときは、チャネリングしたくないメッセージを伝える場合もある。

最近も、会の最中に、私は「お悔やみ申し上げます」と語り始めていたことがあった。そのときも私は、そんなメッセージを伝えたかったわけではない。それでも、明らかに、その情報は届けられる必要があった。だから私自身、チャネラーは単なるチャンネル（通路）に過ぎないという事実を、常に心に留めておく必要があるんだ。

こうしたやっかいな事柄を取り扱う以上、サイキック能力者として、チャネラーは成熟している必要がある。たとえば、誰かが目の前で、死に瀕していたら？　それが私の引き受けるべきカルマで、私がその人を癒すことになっているのでない限り、私にその人を助けることはできない。つまり、天がそれを許さなければ、誰であれ、当人のカルマに介入することはできないんだ。

この手の問題については、すべてのヒーラーが考えなくてはいけないんだと思う。もちろん私だって、あらゆる問題に答えをもっているわけじゃない。それは私自身、よくわかっているよ。

第三部　そのほかの天界からのヒーリング

「あまりに多くの秘密を見破るにつれて、私たちは不可知な領域が存在することを信じなくなってきた。それでもそれは、静かに舌なめずりしながら、そこに潜んでいるのだ」

——H・L・メンケン

第十四章　思っていたよりはるかに多い

プレストン・デネット――UFO研究家

世界で最大のUFO団体のひとつ、〈相互UFOネットワーク〉（MUFON）の実地調査員であるプレストン・デネットは、十年以上にもわたってUFO事件を調査・研究してきた。最初の著書『UFOヒーリング』で百件以上の事例を挙げた彼は、すでに〝ETによる癒し〟の卓越した権威と言えるだろう。カリフォルニア州南部に暮らすデネットは現在、特異なUFO現象の数々について全米で講演を行っている。

本書の執筆に向けて調査を始めた私に、デネットは、支援を申し出る趣旨の、素晴らしく好意的で寛大な手紙をくれた。そして私が電話をかけると、彼は多くのET体験者を私に紹介してくれたのだ。若く聡明なデネットはこのインタビューで、彼自身の体験を含む、貴重な洞察を披露している。彼の話は私を大いに楽しませ、また啓発してくれた。

＊　＊　＊

私自身、かつては懐疑論者だったんだ。UFO話なんて信じていなかったし、第一、自分には何の関係もないと思っていた。そういった話題には、嫌悪感さえもっていたんだよ。だから、「そんな話をする連中はみんな頭がおかしいんじゃないか？」「そうでなければ、ただの見間違いだろう？」と思っていた。これは、ほとんどの懐疑論者が用いる論法なんだけどね。

そんな私が変わったのは、一九八六年に聞いたニュースがきっかけだった。それは、ある定期便のパイロットがアラスカ上空でUFOを目撃した、というニュースだった。もちろん私は、いつものように鼻で笑ったよ。「こいつは嘘をついているぞ。さもなければ、氷原で反射光を見て勘違いしたんだろう」と決めつけてね。

ただ、その話は面白いと思った。だから私は、ちょっとした好奇心でほかの人々に、「UFO話をどう思う？」と尋ねるようになったのさ。ところが、あちこちで人々に聞いてまわるうちに、私は自分の身内にUFOの目撃者がいることを知った。目撃どころじゃない、エイリアンとの遭遇体験さえあるというんだから驚いたよ。

それだけじゃなかった。勤務先の会計事務所には、至近距離からUFOを目撃している同僚がいた。また別の同僚、そしてある友人は、UFO目撃の際に〝失われた時間〟＊がある……という体験談も聞かせてくれたんだ。

＊原注　失われた時間《ミッシング・タイム》＝UFO目撃、もしくはETとの遭遇の際、通常一時間以上にわた

って記憶のない、空白の時間が生じたと報告する人々がいる。失われた時間は、体験全体におよぶこともあるが、普通はETの出現直後、もしくは目撃者からETたちが離れる直前に起こるらしい。

そんな彼らの話を聞くうちに、私はいつしか懐疑論者ではなくなっていた。なぜなら、話を聞かせてくれた人々は、以前から私がとても信頼していた人たちだったからね。彼らはこういった体験を、人に知られないように努めていた。これまでは嘲笑を恐れて、私にも語らずにいたんだ。こうした事実を知って、私は猛然とUFO関連の本を読み始めた。そして体験者にインタビューを申し込み、記事を書くようになった。当初、私に秘密を打ち明けてくれたのはごく親しい身内や同僚、身近な友人たちだけだったよ。

そのうち、彼らの友人たちも話を聞かせてくれるようになって、次第に協力者は増えていった。やがて私が地元のUFO関連の会合で話をするようになると、今度は参加者が、彼らの体験談を携えて、私のもとに訪れるようになった。そして私が二冊目の著作（参考文献の項を参照）を出した今では、さらに協力者が集まって来ているんだ。

奇妙なことに、今や私の著作を知らない人々でさえ、私のもとにやってくる。そして見知らぬ私に向かって、彼らのUFO体験を語り始めるんだ！　きっと私の頭上には、「あなたのUFO体験を語ってください」と書かれたプラカードでも立っているんだろうね。

ところで、私の勤務先である会計事務所には、二十人の職員がいる。退職率が高いから、私は入れ代わり立ち代わり、同僚とその友人たちからUFO話を聞いてきた。思えば不思議なほど、体験者とひんぱんに知り合ってきたんだ。でも、考えてみれば、普通の人はそうそうUFOに〝誘拐〟された人に出会うことなんて、ないだろう？　だから、こんなことはあんまり言いたくないけど、ただの偶然じゃないように思うんだ。何か高次な力によって、互いに出会うよう導かれているんじゃないかな、って。それが事実だと主張する気はないけど、人生には時折、そんなふうにしか思えないこともある。偶然が積み重なって、私たちを恍惚とさせるような瞬間に誘うのさ。

こうして多くのUFO体験を調査した私は、「エイリアンは邪悪な存在ではない」と感じるようになった。もちろん、体験者から誘拐事件が与えた恐怖について、耳にすることは多いよ。それがトラウマを残すような体験だということも、よくわかる。それでも、「その体験は必ずしも悪いものではない」と直感で思ったんだ。

現に、エイリアンたちは地球を乗っ取っていない。彼らが到達しているテクノロジーを考えれば、それは充分可能なはずなのに。だとしたら、彼らには違う目的があるんじゃないかな？　UFOによる誘拐には、何かプラスの側面があるのでは？　そんなふうに考えていた私は、やがて、UFOで行われているらしいヒーリングについて耳にするようになった。

当初は、それについても私は懐疑的だったよ。何しろ向こう側で行われているせいで、「よくわからない」ヒーリングの事例が多かったからね。それに、UFO研究の分野においてはヒーリングどころか、ETとのコンタクト現象でさえ嘲笑されているテーマだ。研究者のなかには、「UFOが好意的だと考えるような人々は、自らを欺いている」と信じる人もいるくらいなんだ。

ただ、私はこれまで、多くの客観的な研究文献に目を通してきた。私自身、客観的に物事を考え、判断したいと考えている。だから思うんだが、そもそも、声を上げるのはUFO体験がトラウマになっている人たちだけなんだよ。トラウマゆえに専門療法家を探す彼らは、助けを求めて声を上げるから目につく。だけど、UFOとの遭遇に〝被害〟を感じない人は助けを求めたりしない。彼らは他人に、その体験を語ろうとも思わない……。そう考えれば、ETとの友好的な遭遇やヒーリング体験が表に現れないのも、もっともだと思うだろう?

それで私は、ETによる癒しの事例を十件ほど聞いた段階で、記事を書こうと思い立った。そして、執筆のためにUFO関連の文献を読みあさって、約五十もの様々なヒーリング事例を発見したんだ。そのときは思わず、「思っていたよりはるかに多いぞ!」と快哉を上げたよ。それから本格的な調査・研究を行って、数年後には、百を超える事例を収集していたけどね。

私は、地元で主宰しているMUFONの会合で、地域内の目撃例について最新情報を提供している。最近は、そうした会合やUFO大会などのイベントで、ETによる癒しに関する講演を行うことも多いんだ。

かつて、私はETによる癒しを極めて稀な事例だと考えていた。だから、会合やイベントでヒーリングについて話すようになって、本当に驚いたよ。なぜって、私が話し終えると必ず、聴衆のなかから誰かが歩み出て、自分のヒーリング体験について語り始めるんだから。それも、毎回必ずと言っていいくらいなんだ。

このとき、戸惑いながら報告する体験者も少なくない。彼らはほとんどの場合、「今まで誰にも話したことはないけど……」と前置きしてから話す。そんなふうにして私は、数多くのヒーリング体験を聞いてきたんだ。ETとの遭遇体験によって様々な症状が癒されたという、豊富な、あらゆるタイプのヒーリングの実例をね。

私はETによる癒しの体験があるという人に出会うと、調査に協力してくれるかどうか、まず確認する。でも、ほとんどの人は内容が公表されるインタビューには応じてくれない。思うに、世界中のUFO体験者は想像以上に多いんじゃないかな。彼らはただ、それを表立って言いたくないんだ。ETによる癒しにしても、実際に体験している人はもっとたくさんいると思う。ただ彼らはそのことを黙っているか、あるいは彼ら自身、心の中で否定しているだけなんだよ。

もしかしたら、彼らはその事実に気づいてさえいないのかもしれない。奇跡的なヒーリングを体験しながら、それを型破りな治療がもたらした結果だととらえているケースもあるんだ。それに、ETによる癒しを宗教的体験として受けとめている人もいる。あるとき彼らの部屋全体が光に満たされ、気がつくと癒されていた。そんなとき、人々は天使、もしくは神がやって来たと考えるんだよ。――私はそうは思わないけどね。

こんな話を聞いたこともある。「背中の慢性的な痛みが癒された」というある女性は、自分を癒したのは〝死神〟に違いないと言うんだ！　その理由は、彼女の部屋にやって来た存在の姿が、死神に似ていたから。その存在は背が高く、頭巾をかぶり、まるで〝鎌〟のような、輝く円筒形の器具を持っていたそうだ。しかし、死神が？　彼女はその後、閉じたままの窓を通過して、光線に乗って上空に運ばれたという。しかも彼女には失われた時間があり、そのほかのUFO体験もあった。このケースにしても、死神よりはETが癒したと考えるほうが自然だと思うだろう？

「妖精に癒された」というヒーリング体験の報告も読んだが、そういった事例もETによる癒しである可能性が高い。人は理解できないことに遭遇したとき、その人にとって受け入れやすい概念を採用する。だから、多くの人々が神秘体験だととらえている事例のなかには、少なからぬ〈ETによる癒し〉が含まれると考えられるんだ。

それに人々は、ここへ来てますます頻繁に、UFOと遭遇するようになっている。一九三〇年代にまで遡ると、UFO関連の事件はほとんど記録に残っていない。その後、地球上で原爆が発明されて以降、明らかにUFOが目撃される機会は増えた。そして一九四七年のロズウェル事件*以降、さらに人々のUFO体験は増加し、体験の質も深まってきているんだ。

＊原注　ロズウェル事件＝一九四七年七月、ニューメキシコ州ロズウェル近くの砂漠に、一機のUFOが墜落した。米国軍部によるこの報告はまもなく撤回されたが、今日に至るまで、その真偽が論議の的となっている。

五〇年代には飛行中のUFOが目撃されたり、レーダーに映ることはあっても、UFO着陸後の様子や、ヒューマノイド（人間型生物）との遭遇が報告されることはなかった。六〇年代から七〇年代になるとUFOが着陸し、そこから出てくるエイリアンの目撃談が聞かれるようになる。そして七〇年代から八〇年代にかけて、誘拐事件の報告はさらに増え、九〇年代に入ると、UFO関連の話題はますます騒々しいものになっていった。それが時代とともにエスカレートし、今、新しいレベルに移行していることは間違いない。思うに、ETたちは段階的に、私たちの意識を変えようとしているのではないだろうか?

「アメリカ政府はすでにETとコンタクトをしている」という情報もよく聞くが、それも事実だろう。数人の政府関係者にインタビューしたが、アメリカ政府はUFO関連の情報を実によく知っていた。また、実際にUFOは、ホワイトハウスの上空を二回にわたって飛行しているんだ。*政府の要人はUFO問題を無視しているのではなく、重要視するがゆえに、情報をコントロールしているんだと思う。とはいえ長期的に考えれば、その目論みが成功するとは思えないけどね。これほど多くの人々が体験するようになってきた以上、そうそう真実を隠し通せるものじゃないから。

いずれにせよ、そう遠からぬ未来、もっとオープンな形でETと人類との公式なコンタクトが行われることを、私は確信しているよ。

＊原注　ホワイトハウスの……＝一九五二年の夏、二回にわたって首都ワシントン上空で目撃されたUFOは、世界中の大きな関心を呼んだ。それをきっかけに、『地球対空飛ぶ円盤』(一九五五年)を含むUFO映画のブームが起きた。

私はCSETI（地球外知的生命探査センター）のプロジェクトに加わり、野原でUFOとのコンタクトを試みたこともある。そこでは瞑想とある種の照明、UFOから録音した音色などを使って、彼らに呼びかけるんだ。

そうやって実際に一機のUFOを目撃したのは、私が参加した最初の晩のことだった。それはかなり遠距離からの目撃で、はるか上空の光の流れだったが、その大きさから人工衛星でないことは明らかだった。もちろん、流れ星や飛行機でもない。UFOだと断言することはできないが、そのほかの何物でもあり得ないことは、一つひとつ理由を挙げて説明できるよ。

この春には、私自身こんな体験もしている。私はマンションで一人暮らしをしているから、そのときも一人だった。真夜中に目を覚ますと、何かがベッドの足元を歩いて通り過ぎたんだ。ぼんやりした頭で「猫かな？」と思ったが、すぐに「待てよ」と思い直した。なぜって、私は猫なんて飼っていなかったから。私は驚いて、目を見開いたよ。

明かりの点いていない寝室で、それでも薄っすらと見えるものがあった。細部まで見えたわけじゃないが、その瞬間、私は怖気《おじけ》づいた。心底ゾッとしたんだ。そうしたら、その存在は、あっという間に部屋から出て行った……。

それまでの私は、ETとの遭遇を望んでいたというのに。いざその体験をしていると思ったときには、心臓がドキドキして、恐怖でいっぱいになってしまったんだ！　それで、起き上がって家のなかを調べようともせずに、そのまま眠りに戻ってしまった。そして翌朝には「あれは夢だった」と自分に言い聞かせていた。そんな自分に気づいて、思わず笑ってしまったよ。「なんだ、これは多くの目撃者がやっていることじゃないか。私も同じことをしているよ」ってね。

ところで、最近のUFO関連報告を見渡すと、「これから地球規模の変動が起こる」といった情報が数多く提供されていることがわかる。あるET遭遇者はETたちからヒーリングの手法を伝授された際、「地球の変動に備えて、人々を癒す方法を知る必要がある」という話を聞いたそうだ。ETたちがそんなふうにはっきり語るケースは少ないが、事実、多くの遭遇者がヒーリングの手法を伝授されている。少なからぬ人々が、ETとの遭遇をきっかけに、手を当てるヒーリング、遠隔ヒーリングといった特殊なヒーリング能力に目覚めているんだ。

私は運命論者ではないし、まして悲観論者ではないから、これから地球の大破局や、キリスト再臨のような出来事が起こると考えているわけではない（一方で、そういうことが起こっても特に驚かないだろうが）。思うに、地球規模の変動とは、人類の滅亡というよりは、むしろ意識の変革を意味しているのではないだろうか？ それはきっと、これまでの私たちの考え方、生き方が消滅する……ということなんだよ。

多くのETたちは、私たち人間が「五次元に移行しつつある」ということも告げている。それが意味するところはよくわからないが、興味深い話だとは思う。UFO関連の集まりでは、私のところへやって来て「バイブレーションを高める必要がある」「そうすれば病気や不調和から解放される」といった話を聞かせてくれる人も少なくない。たぶんこれからの時代はますます、自分のバイブレーションを高めるために良い考えを抱き、瞑想を実践し、良い行動をとるように努めるべきなんだろう。

実際、ETとの遭遇体験以後、「バイブレーションを高めた」かのように見える人々は少なくない。彼らは何かしら、人類のために良い活動を始めるようになるんだ。また、私は調査を進めるうち、これまでの常識にとらわれない生き方を勧める〝教師〟たちの多くが、ETによる癒しをはじめ、何らかのUFO体験をしている事実にも気づいた。

気づいたことと言えば、ETによる癒しの事例から学ぶべきことは本当に多いんだよ。これらのヒーリングは私たちに「病気とは何か」について教えている。また多くのケースが「病気を治すために私たちにできること」について、極めて具体的に示唆している。何より「慢性的な症状、ときには末期的と考えられる症状であっても癒すことができる」という事実は、どれほど私たちを勇気づけるだろうか。豊富なヒーリング事例は私たちに、「ヒーリングはいつでも起こり得る。だから希望を捨てるな」と語りかけているんだよ。

またそれは、患者だけでなく、医療関係者にも言えることなんだ。私は多くの情報源から、すでにある医療技術のいくつかは、実際にETからの技術支援を受けて開発されたものだと聞いている。事実かどうかはともかく、その可能性は大いに考えられるだろう。

たとえば、ETたちは人々を癒すために、光または光線を使うことが多い。そして腫瘍に使われるようになった粒子線レーザー*のように、最近は光を使う医療技術が発達してきている。それらは健康な組織を侵さない非侵襲性の手術技術で、まさにETたちが行っている手法だからね。

＊原注　粒子線レーザー＝光力学的療法（ＰＤＴ）は、感光性の化学薬品と患部の細胞を

破壊するレーザー光線という光を使って、悪性腫瘍とウィルスを治療する方法。アメリカ食品医薬品局は最近、PDTを進行した食道ガンと初期の肺ガンの治療法として承認した。

といっても、私は人々に「ETが病気を治してくれるよ」と知らせたいわけじゃない。まして、彼らに祈るように勧めているわけじゃないんだ。確かに、彼らにヒーリングを求めて、それが得られた事例も知っている。でも、彼らが望んでいるのは、私たちが自分で教訓を学ぶことだと思う。彼らは私たちに、自分で自分を癒せるようになってほしいんだ。

私たちが自ら、ヒーリングの手法を身につけること。それこそ、数多くの事例から浮かび上がるETたちの希望なんだ。ETたちは、私たちが彼らに依存することを望んではいないのさ。最近の〈ETによる癒し〉の事例を見ていると、「従来の治療法とは異なる、型破りなヒーリングの方法があるんだよ」と言わんばかりの、彼らの強力なメッセージを感じる。報告によると、ETたちはテクノロジーではなく、マインドパワーで症状を癒しているようだ。具体的には手当て療法の可能性が示唆されているが、こうした型破りなヒーリング方法についても、これから私たちは大いに研究する必要があるだろう。

遭遇体験者のなかには、ETによって癒された体験があっても、エイリアンを好まない人たちがいる。彼らは、ETによって操られ、管理されているように感じているんだ。もちろん反対に、ETに大きな愛を感じ、彼らを友人のように感じている人々もいる。

何が、彼らの体験を分けたのだろう？　遭遇自体が、〝誘拐事件〟と〝好意的コンタクト〟に分かれるのだろうか？　──私には、現実の体験そのものによって分かれるのではなく、その違いは体験者の心のなかで生じているように思えてならない。〝誘拐事件〟ととらえる人は、単にエイリアンといっしょにいることを望まない人たちなんだ。

しかし私は、そういう人々たちでさえ、その体験を通じて進化していく様子を見てきた。彼らは〝被誘拐者〟としてスタートしても、やがて恐怖という障壁を乗り越え、体験のプラスの側面を受け取り始める。そして彼らはほかの惑星に旅行したり、科学的な情報を得たり、またヒーリングの手法や直感力を得て、サイキック能力を目覚めさせていくんだ。

これまでのＵＦＯ関連情報においては、〝誘拐事件〟というマイナスの側面だけが、あまりにアピールされてきた。しかし、同じ体験が本人にとってプラスの体験、貴重な進化の機会となり得ることを知っておいてほしいと思う。

第十五章　前世にETだった人々

バーバラ・ラム――退行療法士

バーバラ・ラムはカウンセラー、催眠療法士として、カリフォルニア州クレアモントで開業している。一九七六年から催眠療法を始めたバーバラは、一九八四年から、主に退行療法を行うようになった。

一九九〇年以降、彼女が行う退行催眠のセッションによって、二百人以上のクライアントが地球外存在との体験にまで遡っている。バーバラはまた、ETとの遭遇に焦点を当てたセッションだけでも、数百回以上こなしているという。これら、クライアントが退行療法によって思い出したET体験を一冊の本にまとめるべく、彼女は現在、原稿を執筆中である。

彼女は六十三歳で、三人の成人した子どもと三人の孫がいる。ほぼ十年にわたってET体験者たちと関わってきたバーバラが語る洞察もまた、大変貴重なものであった。

＊　＊　＊

催眠療法によってクライアントの記憶を、現在の症状・問題の原因となった過去にまで退行させるようになって、すぐ気づいたことがあったわ。それは、原因が今回の人生でなく、過去生にある場合も少なくない……ということ。人々の過去生での体験は、今回の人生にまで影響を持ち越すものだったのよ。

そして一九九〇年頃になってから、また気づいたことがあった。それが、地球外存在との遭遇によって恐怖を体験し、トラウマを抱えることになったクライアントが少なからずいる、という事実だったの。

そういう事実があるということを、知らないわけじゃなかったわ。一九八六年に受けた過去生退行療法の集中訓練クラスで、聞いていたから。その話を聞かせてくれたのは、私が心から尊敬していた催眠療法の先生だった。彼は私たちにこう話したわ。「クライアントの症状・問題の原因の一つに、地球外存在による誘拐体験があるということを知っておくように」って。

ETとのコンタクトなんて、耳にしたのは初めてだったから、とても驚いた。でももっと驚いたのは、そのとき私の内側に、こんな声が響いてきたこと。「覚えておきなさい。あなたは、そういった領域を扱うようになるでしょう」その声は静かに、でもはっきりと、そう私に語りかけたわ。

それで、私はUFOやETとのコンタクト関連の講演会に出かけ、ほかの研究者たちの話に耳を傾けた。UFOは実在するのか？　ETは地球に来ているのか？　人々と交流している地球外存在が本当にいるのか？　自分なりに、そういったテーマについて調査・研究を始めたの。そして一九九〇年になってから、自分のクライアントの一人が地球外存在との遭遇を体験していたことに気づいた――というわけ。その若い女性は退行催眠によって、地球外存在たちが自分の寝室を訪ねた記憶を取り戻したのよ。

以来、私はクライアントとのセッションを通じて、ETとのコンタクトを含む、たくさんの事例を扱うようになったわ。一人の遭遇体験者と長期間にわたってセッションを重ねるのは、とりわけ嬉しいことだった。なぜって、長いスパンのなかで、体験者と地球外存在との間に起こっている出来事を観察できるから。車で一時間以内の距離に住んでいる体験者なら、ふつうは十回～三十回はセッションを受ける。でも、なかには五十回もセッションを重ねた体験者もいたのよ。

彼らはまず、狂人扱いされずに話を聞いてもらえるのを喜ぶことが多いわ。彼らが私を訪れるのは、何か不思議な体験をしたのに、ほんの断片しか思い出せないようなとき。あるいは、夜眠るという当たり前のことに、ひどい恐怖を感じるような場合も多い。「誰かが自分を見張っているのでは？」「誰かがやってきて自分をどこかへ連れ去るのでは？」……そんな恐怖を抱いている人も、少なくなかったわ。

彼らは、夜一人で車に乗ったり、空港、病院、公共施設に行くのを怖がることも多い。そういう場所にはやたらと明るい照明や、ピカピカ光る床があるせいだというけど、なぜそれが怖いのか、夜一人で車に乗ることがなぜ怖いのか、理由はわからないという。そういった恐怖がどこから来るのか、自覚できていないのよ。

そういった遭遇体験者たちを過去の記憶に退行させると、一番はじめに、かなり強い恐怖を感じた体験に遡ることが少なくない。それはどんな体験だと思う？　私のクライアントの事例を総合すると、一般的には、体験者たちが手術台のようなベッドに横たわった状態の記憶が多かったわ。そこで、見慣れない存在が自分を取り囲み、見下ろしているシーンを思い出すのよ。そこには眩しいほどの照明があって、それなのに光源は見当たらない。自分はここで何をされるのだろう……という不安や恐怖が刻み込まれても当然の状況といえるでしょうね。

でも、さらに退行を続けていくと、こうした〝処置〟もしくは〝身体検査〟の後に、体験者が〝教育〟を受けているようなシーンが出てくることが少なくない。体験者は手術台から起き上がり、服を着て、宇宙船の別の部屋に案内される。そこで、どうやらある種の教育が行われているようなの。

クライアントたちは星々の種類、軌道、宇宙旅行のルートについて学んでいることもあれば、宇宙船の動力源について学んでいることもある。地球で起こりつつある事柄について、注意を促され、ほかの人たちに伝えるよう、話を聞かされることもある。また、ある種のヒーリングの方法や、自分の心に影響を及ぼすための訓練を受けることもあるようよ。

こうして退行催眠のセッションを重ねるうちに、多くの体験者たちは気づきを深めていく。自分の受けた〝処置〟もしくは〝身体検査〟といった体験が、教育や訓練を含む、より大きな全体像のごく一部に過ぎないと感じるようになるの。ときには、こうした体験を通じて、「自分にはこの地球で果たすべき使命がある」と思うようになる人もいるのよ。

これまで私が扱った事例から想像するに、地球外存在たちは地球と人類に関して、はるかに明確な全体像をもっているんだと思うわ。彼らは私たちと同じように主観的生物としてここにいながら、ここにある状況に巻き込まれていない。だから彼らには、人類の暴力性、私欲に走りがちな性向が客観的に、よく見えるんでしょうね。それで、彼らは一定の人間を選び、こうした問題に取り組むように教育しているのかもしれない。私たち人類を同胞と見なして、別の生き方、お互いと地球をもっと大切にできる方法について、示唆しているんじゃないかしら。

私自身に被〝誘拐〟体験はないけれど、地球外存在によって導かれた可能性は否定できない――私はそう考えているの。私がこういう仕事をするように導かれたのだとしたら、ほかの人たちに同じようなことが起こっている可能性も否定できないわ。

地球外存在が〝誘拐〟以外の方法で一定の人々と密接に関わり、活動していると信じるに足る理由もあるのよ。例えば、科学者、政府関係者、様々な分野で重要な地位を占める有名人、健康や技術革新につながるような大発見をした人々……。こうした人々のなかには、インスピレーションを受け取る形の、ある種の助言のようなものを受けていたと思われる人が少なくない。そういった関係のなかで、例えば睡眠中に素晴らしいアイデアを受け取ったりしながら、彼らが地球外存在と何らかの共同作業をしている可能性は否定できないと思うわ。

私が扱ったクライアントには二百人以上の遭遇体験者がいて、そのなかには、ＥＴにヒーリングを受けたという事例もあった。十五人ほどのクライアントが、ＥＴとのコンタクトに関連してヒーリングを思い出すか、もしくは退行の最中にヒーリングの記憶そのものを浮上させていたの。癒された身体症状は、かなり多岐にわたっていたわ。

あるクライアントは、片頭痛の持病が軽減された。このケースでは一週間に三、四回、激しい片頭痛で丸一日ダウンしていたのに、二、三週間のうち、数時間程度しか症状が現れなくなったの。おかげでそのクライアントの生活は、すっかり改善された。別のケースでは、約四歳の幼い女の子が性的暴行事件の後に、彼女が「小人」と呼ぶ背の低い存在たちに癒されていた。

また別のケースでは、二つの深刻な病気を併発していた男性の妻が、地球外存在によってサポートを受けたの。ある晩寝室にいると、地球外存在が彼女に特別なヒーリングエネルギーを送り、ぐっすり眠っている夫のどこに手を当てればいいのか、教えてくれたそうよ。地球外存在が彼女を通してエネルギーを送り、夫を癒す手助けをしてくれたのね。

このケースとは違うけれど、会社勤めを辞めてヒーリング活動に専念することになったクライアントは、ほかにも三人いる。三人とも女性で、彼女たちはそれぞれ様々な種類のヒーリング*に惹かれ、各種のクラスやトレーニングを受講して資格を取っていたわ。

＊原注　様々な種類のヒーリング＝ボディーワーク（指圧、マッサージなど特殊技術を使う療法）、電極療法（体内にある二つの電極間の流れを、手を当てたり磁石を使って正す療法）、レイキヒーリング（宇宙エネルギーを使うハンドヒーリング）、反射療法（足の裏などをマッサージすることにより血行を改善し、緊張をほぐす療法）、エネルギーバランス療法など［（　）内は訳注］。

そして、彼女たちは自分がヒーリングを研究するようになった理由を、退行催眠のなかで理解した。つまり、自分でも気づかないうちに地球外存在との交流によって影響を受け、ヒーリング活動に向かう強力な内的衝動を与えられていたのよ。

クライアントのなかには、退行催眠によって、過去生でETとコンタクトしていた自分に気づく人もいた。コンタクトどころじゃない、別の生もしくは多くの生涯において、ETのある種族に属していた自分を思い出した人もいた。これは、特定のETのグループが特定の人間をサポートする理由……と考えられるんじゃないかしら。つまり、その人たちはかつてそのET種の一員であったか、もしくは今も一員でありながら、何らかの理由で人類の一人として生涯を送っているのよ。

ET、そしてETとの遭遇体験者によって地球上で一体何が進行しているのか？　その全体像を正確に把握し、証明することはほとんど不可能に近いでしょうね。それでも、多くのことが同時進行的に進められているのは間違いない……、私はそう考えているの。なぜなら、ここ地球には広範囲に及ぶ、多くの様々なETが来ていると思うから。彼らはそれぞれが独自の目的をもっているはず。そうである以上、「ETたちの目的」がたった一つ、ということはあり得ないわ。

例えば、小型のET、グレイは様々な方法で人類と交配して、どうやら混血の子孫を残そうとしているらしい。「自分たちの種は絶滅の危機に瀕している。だから人類のDNAとミックスして、種を保とうと意図している」――これはグレイ自身が、体験者たちに語った言葉よ。おそらく彼らはETのなかでも利己的なグループに属し、人類のためというよりは、彼ら自身のためにここにいるんでしょうね。

ただ、ETたちは基本的に、私たちとは異なる次元に属している。だから体験者たちと意思を通じ合うために、自分たちを三次元的存在として見せているだけで、実際はより高次の、より霊的な次元から来ている存在だと思う。だとすると、人類の霊的目覚めに手を貸しているETも少なからずいるでしょうね。

当然、体験者が遭遇している地球外存在の種も、バラバラだと思うわ。あるときは、物質志向的なETのグループであったり、また霊的啓発に関わる別のグループであったり。だから、ときに身体検査を伴う肉体的な体験をしたり、ときにアストラル界を旅して、物質的な肉体をもたない地球外存在と交流したりと、体験のバリエーションも多岐にわたっているのよ。

そう。多面多層的に、同時多発的に、様々なことが起こっている。私たち人間に、それらをすべて把握できるはずがないんだわ。それでも、私たちは別の体験者から新しい話を聞くたびに、この大きな、絶えず成長している全体像というジグソーパズルに、一つのピースを付け加えることができる。それは、実にワクワクする知的作業だと思わない?

それでなくても私は、体験者と出会うことが大好きなの。ETとの体験によって、彼らの人生に何が進行してきたのか? それを見出すことで、彼らは安心すると同時に、大きな啓示を得ていく。そのサポートができるのは、とても幸せなことよ。

それにしても、ETとのコンタクト体験は、奇妙で不思議なストーリーに満ちている。この仕事に携わるようになって、私は人類に関して多くの新しい認識を得て、驚くべき洞察に至った。それは、この仕事に就いていなかったら、決して得られないものだったと思う。この洞察が私自身の思考限界を何度も何度も、繰り返し拡大してくれた。その、めったにない幸運に、私はとても感謝しているのよ。

私は昔から何でも哲学的に考える傾向があったけれど、自分の知らない〝向こう側〟に多くの生命が存在するなんて、夢にも考えたことはなかった。見えるものの背後に見えないものが存在することに気づかず、ずっと不思議に思ってきたのよ！　でも、退行療法によってETとのコンタクト体験者に出会って、やっとそれらの不思議を理解する手掛かりが得られた。だから私は自分の、今の仕事が大好きなの。

私だけでなく、今はすべての人々が、地球外存在との関わりから生じている、広範囲にわたる出来事を知るべきとき――なんじゃないかしら。そして、こうした出来事、体験がもつプラスの側面をポジティブに認めていくことが大事なんだと思うわ。

第十六章　そのほかの事例から

今までの章に登場した人々は、現存する膨大な事例の、ごくごく一部分を語っているにすぎない。本書でインタビューに応じてくれた体験者の背後には、はるかに多くのET遭遇体験者たちが控えているのだ。

私はUFO関連の記事・報告書などの文献を調べ、何十冊という本に当たり、UFO目撃、誘拐事件および遭遇体験に関する山のような事例を研究するなかで、医学的な治療行為を受けたという人々の豊富な証言と出会った。彼らは自分が受けた治療を、UFO、ETとの遭遇と結びつけて考えていた。

その後、催眠療法士、精神科医、UFO研究家たちと意見を交わすうちに、別世界の存在からヒーリングを受けたという、未公表の事例報告が続々ともたらされた。また、私の知るET体験者の大半は、別世界の存在に癒されたという知り合いがいるか、少なくともそういった人々から話を聞いたことがある……と語っている。

天界からのヒーリングは、どうやら私たちが思うほど、稀なことではないらしい。それどころか、極めて頻繁に生じているのに、滅多に報告されないだけなのではないか？　私はいつしか、そう考えるようになった。おそらく、ETによる癒しのほとんどが本人に自覚されることなく、医者や専門療法士にもそれと理解されることなく、ほかの原因によるものだと考えられているのだろう。

また、体験者が別世界の存在によって癒されたと認識している場合であっても、他人にその事実が語られることはほとんどない。その気持ちはよくわかる。誰だって、医者にこんなことをいおうとは思わないだろう。「手術の必要はもうありません。なぜって、宇宙から来た友人が無痛かつ無料で、ちゃんと治してくれましたから！」だなんて……。

プレストン・デネット（UFO研究家）から

第十四章で紹介したUFO研究家のプレストン・デネットは、その著作『UFOヒーリング』によって一九四七年から現在に至るETによる癒しの事例を報告し、貴重な歴史的概観を提供している。そこには彼が収集した百五の事例のうち、ETとのコンタクトに直接関わる事例が、極めて広範囲にわたって記録されている。

動脈瘤、関節炎、ぜん息、背痛、失明、気管支炎、やけど、ガン（乳ガン、結腸ガン、皮膚ガン、胃ガン、咽喉ガン、肺ガン）、大腸炎、感冒、糖尿病、熱病、軽傷、頭部外傷、心臓の異常、不妊症、腎結石、肝臓病、多発性硬化症、肺炎、小児麻痺、結核、潰瘍、イボその他、挙げられる治癒例はささいな症状から奇跡的回復まで、実に様々だ。デネットは少なからぬガンの治癒例を挙げながら、その記録をこう締めくくっている。「ETにとっては、治すに当たっては小さな病気も大きな病気も区別がないのだろう」と。

また、デネットが報告する事例の十パーセント以上が、二つ以上の病気や障害が一度に癒される全身的治癒である点も興味深い。そして、報告された事例には、いずれも相互に補強し合うかのように似通った部分がある。つまり、縁もゆかりもない人々が各地で、細部に共通点のある、似通ったETによる癒しを体験しているのである。

こうした事例のいくつかを、ここで紹介しておこう。

メイ――匿名の女性（一九五九年）

子どもの頃、彼女はジフテリアと診断されたが、両親の宗教上の理由により治療を受けなかった。そのため彼女は危険な状態に陥り、医者は両親に「この晩を越せないだろう」と告げた。すると、その夜メイは「白いローブに銀のベルトをつけた天使たち」に誘拐され、一機のUFOに移送された。そこで彼女は「洗浄」されて、明るい青い光による治療を受けたという。翌朝、母親が見ると彼女は完全に治って、床の上で遊んでいた。

フレデリック――テキサス州の保安官代理（一九六五年）

フレデリックは、別の保安官といっしょに車に乗っていて、一機のUFOに遭遇した。その日の早朝に、彼は息子のペットであるワニの赤ちゃんに左の人差し指をかまれ、赤く腫れあがった指に包帯を巻いていた。UFOは紫色の光を放ち、その奇妙な輝きから熱が伝わってくるように感じた二人は、すぐにその場を走り去った。

夕食をとるため車を停め、その日の出来事について話し合いながら、フレデリックは指の痛みが消えていることに気づいて包帯を外してみた。「うそだろう？　噛まれた跡さえない！」彼は後になって、UFOから光線を浴びたとき、左腕を車の窓から外に出していたことに気づいた。このUFO飛来の事例はアメリカ空軍によって調査され、大きく報道された。

ポール――ニューヨークにある通信社の特約寄稿者（一九七四年）

ポールは数人の目撃者とともに、ブルックリンのある公園の上空を飛ぶ、一機のUFOを目撃した。彼はアパートに戻ってから、その日の早い時間にうっかり切ってしまった指に巻いていた包帯をはがした。「驚いたことに、その傷は完全に治っていた。まるでケガなんてしなかったかのように」。ポールはそう報告している。

ヘレン――アリゾナ州に在住する匿名の女性（一九七四年）

ヘレンはガンと診断され、化学療法を受けていたが、腰骨からすい臓、腸まで広がったガンのために「余命わずか」と宣告されていた。化学療法と二十キロ以上もの体重減によって衰弱していたヘレンは、ある晩、自宅で目を覚ます。ある場所に行きたいという、押さえがたい衝動が湧き起こったせいだった。彼女はその強い衝動に突き動かされ、歩くのもやっとだったにもかかわらず、車を運転してそこへ向かった。

するとその場所に一機のUFOが着陸して、二つの小さな生命体が彼女の乗船を助けてくれた。そこで彼女は、奇妙な器具を使い、紫色の流動体を注入する治療を受けた。そのETたちは好意的で、ヘレンに対して「もう治ったから、これ以上投薬しないように」と告げた。

翌日、ヘレンは家族によって病院へ搬送された。彼女の家族は、病院で最期を看取ろうとしていたのだ。しかし彼女はそこで、一切の投薬を拒否する。そして、数日も経たないうちに回復したのだった。「それはもう、病気だったこと自体、うそのような感じでした」と、ヘレンは語っている。デネットが一九八八年に追跡調査に訪れたところ、彼女は健康そのもので、忙しく立ち働いていたという。

カレン――ニューヨークで保育所を経営する三十九歳の女性（一九七八年）

カレンは体外離脱と臨死体験、地球外存在によるヒーリングを同時に体験している。片方の乳房にゴルフボール大のしこりを発見した後で、カレンは気がつくとETとともに宇宙にいた。ETたちは最終的に、彼女に手術も施している。そばに夫がついている状態で彼女は二時間の間、意識を失っていた。目を覚まして、しこりが完全になくなっていることに気づいたという。彼女はETたちに「しこりがなくなった」と告げられ、「夫についていきなさい」というメッセージも与えられたと報告している。当時、彼女は夫との結婚生活に様々な問題を抱え、悩んでいた。十年後に再会した彼女は健康で、結婚生活も円満に継続していたそうだ。

エレン――ロサンゼルス在住の若い女性（一九八九年）

エレンは手術不可能な末期の結腸ガンで、あと三か月の命と診断された。幼い頃から長期的にETとのコンタクトを体験していた彼女はその後、すぐに〝誘拐〟を体験する。そのときは、大掛かりな手術を含む誘拐だったという。「彼らは『リラックスしなさい』といって、治療を始めました」彼女が主治医のもとを訪れると、ガンのあらゆる痕跡が消滅していた。その奇跡的治癒はある一流の医科大学で証明されたと、エレンは語っている。

ジョン・F・シュースラー（UFO研究家）から

ジョン・F・シュースラーは、これまでの「ETによる癒し」の報告を記録としてまとめた、もう一人のUFO研究家である。シュースラーはその著作『UFOがもたらす人間への生理学的影響』で、UFOとの遭遇により引き起こされた生理学的影響を列記して、UFOが実在する証拠を提供しようと試みている。

彼はUFO目撃者、ETとの遭遇体験者たちが受けた肉体的影響をリストアップするうちに

「大部分の医者は知っておくべきマイナスの影響についても知らない」ことに気づき、「相互UFOネットワーク」*に医学委員会を設置することを決めた。歯科・婦人科・小児科・精神科など様々な分野の医学専門家により委員会を組織し、UFO研究家と共同作業で事例の調査に当たることにしたのだ。

＊原注　相互UFOネットワーク（MUFON）＝アメリカ最大のUFO研究家およびUFOマニアの団体で、全米に五千人以上の会員がいる。あらゆる専門領域から五百人以上の科学的顧問を有する。

シュースラーはこの著作のなかでUFO、ETがもたらした肉体的影響として、約四百の事例を挙げている。そこには「ETによる癒し」の体験がわずか七例しか含まれていないが、彼はUFO、ETがもたらす影響について、次のように結論づけている。「報告された事例を見ると、マイナスの肉体的影響はごくわずか、数パーセントしか発生していないことがわかる」

彼が報告しているヒーリング事例のうち、興味深い一例をここに紹介しておこう。

エティエンヌ――フランス出身。救急車の運転手を務める男性（一九八二年）

エティエンヌは正面衝突の交通事故に遭い、瀕死の重症を負う。このとき、一人のETが彼の隣に現れて、彼に「あなたは生き返りますよ」と伝えた。すると、死亡宣告を受けたにもかかわらず、彼は生き返った。その後エティエンヌは、完全に回復したという。

イーディス・フィオーリ（臨床心理学者・催眠療法士）から

臨床心理学者であるイーディス・フィオーリ博士はカリフォルニア州のサラトガで催眠療法のクリニックを開業し、最近になって引退するまで、長年にわたって膨大なクライアントに当たってきた。フィオーリ博士は多くのET遭遇者にもカウンセリングを行って、心の奥底に抑圧されていた体験を明るみに出し、彼らがトラウマから回復する手助けをしてきたという。

彼女は著作、『遭遇・心理学者が公表するET誘拐事件の事例研究』のなかで、こう述べている。「私が関わった事例の少なくとも半分において、人々は遭遇により大いに助けられていました。通常の治療法では致命的なダメージを与えかねない病状でさえ、見事に治されているのですから」

彼女はその興味深い著作で、次の「ETによる癒し」体験を含む、十四の事例を紹介している（以下に引用した報告は、いずれも著作と同じように仮名である）。

マーク――関節炎の治癒

マークは最初、健康上の問題（糖尿病と関節炎）が気分に与える影響について話し合うために、フィオーリ博士を訪れた。この十八歳の青年は繰り返し見るＵＦＯの夢について語っていたが、催眠状態になると、ＥＴによる癒しの体験を話し始めた。彼を治療するために、ＥＴたちは「大きな留め金」のようなものを使って、「パルス、衝撃波を僕のすい臓に送り……何らかのエネルギーが体内に送り込まれているような感じがした」ということを思い出したのだ。

その治療によって彼の健康状態は良くも悪くもならなかったが、フィオーリ博士は、「訪問者たちの努力に興味を引かれた」と締めくくっている。というのは、糖尿病はともかく、マークの関節炎はおさまったからである。

バーバラ——不安発作の治癒・体重の適正化

バーバラは最初、激しい不安発作を何とかしたいとフィオーリ博士を訪れた。しかし、彼女の問題は不安発作だけではなかった。バーバラには百六十キロ以上の体重があり、多くの病気を併発していたからだ。

催眠状態に入ると、ETたちによって医学的検査が行われていたことが明らかになった。「その地球外存在から伝わってきたのは、優しさだけでした。彼は人々を動転させたくはないけれど、検査するのが自分の仕事なんだと語っていました」バーバラは不安発作の原因として、この記憶を思い出し、それによって症状は解消された。それだけでなく、体重も次第に減ってきている。

バーバラはそんな自分の変化について、こう語っている。「ダイエットをしているわけじゃなく、食欲が自然と減少してきたんです。……それに昔は、なんて私は恵まれていないの！　と思っていた。でも、今はそんなふうに感じることが、全くなくなりました」

ダイアン・タイ――脊髄《せきずい》筋萎縮症

とても活発で行動的な女性でありながら、ダイアンは体を衰弱させていく遺伝病、脊髄筋萎縮症に苦しんでいた。彼女の姉も同じ病気で、歩き始めることなく九歳で亡くなっている。

催眠状態に入ると、ダイアンは地球外存在との多くの遭遇を思い出した。彼らは彼女に、こう語っていたそうだ。「肉体は霊魂ほど重要ではない。あなたの霊魂はすでに良くなっているから、肉体もそれに従うだろう」

ダイアンは、次のようにも説明している。「このコンタクトは極めて頻繁に行われ、私に強さを与え、どのように肉体が物理的に機能しているか、示してくれている。……私たちは人間の肉体に入っているETグループの一員で、時折、肉体的なレベルのバイブレーションに順応するのに苦労することになる」

ダイアンによればETたちは、時間と空間を超越した存在だという。彼らは過去と未来を垣間見ながら、ほかの人々を癒すことができるよう、彼女を訓練していたのだ。

また、フィオーリ博士の著作には、クライアントがETからヒーリングに関する教育を受けたと報告している、二つの事例も載っている。

リンダ――ハンドヒーリングその他

サイキック能力のある家系に生まれたリンダは、四十五歳の芸術家である。リンダは催眠状態に入ると、ETとの過去のコンタクトについて話し始めた。
あるときETたちは彼女がガンにかかっているといって、黒い塊を彼女の胃から取り除いた。彼らは小さなガラス状の物体を彼女の全身に置いて、ガラスの上に付いたセンサーのような診断器具を操作していたという。

リンダはまた、ETたちが教えてくれたヒーリングの方法についても思い出し、詳しく語っている。「こんな具合に……パワーが私の両手を通してやってくるの。それは電気のように強力で、彼らと同じようにスキャンも可能になる……。こうやって入口からエネルギーを集め、自分の肉体を通して、それを他人にもたらすのよ。そのエネルギーによって各細胞を浄化し、再生することができると彼らは話しているわ」

リンダがETたちに、こう尋ねたことがあるという。「なぜこのような治療法を教えるのに、健康な人々だけを選ばないの？」この質問に対する答えについて、リンダはこう語っている。

「彼らはある重要な事柄を証明しようとしているらしいの。……人々の精神内容を変えようとしている……。だから私たちは、変わるでしょう。私たちのエネルギーは将来、より高いレベルで振動しているでしょう」

ETたちはリンダに彼らの治療器具の一つを見せ、その使い方も教えている。その器具は長い銀の棒で、先端に輝きながら振動する丸い結晶が付いていた。彼女はまた、ETたちが被誘拐者たちに施す、数多くのヒーリングも観察している。そのなかには、潰瘍、ガン、滑液包炎《かつえきほう》、十代の少年への関節炎の治療も含まれていた。

リンダは彼女の母親、姉とともに酵母菌感染の治療を受けたこともある。この治療はリンダには一時的な効果しかもたらさなかったが、姉と母親は完全に治った。リンダの母は、四十三年間にわたって酵母菌感染に苦しんでいた。

ジェイムズ――鍼治療その他のエネルギー治療

ジェイムズは三十代半ばの内科医で、電気指圧を含む革新的な治療手段を用いていた。フィオーリ博士が催眠状態で彼を退行させると、ジェイムズはETとの遭遇を思い出した。彼はETたちとのコンタクトによって、鍼治療その他のエネルギー治療に関して、教育を受けていたのだ。それだけでなく、ジェイムズは子ども時代にETから慢性頭痛の治療も受けていた。

「私は子どもの頃、ひどい頭痛によく襲われていました。それは本当に耐えがたい痛みでした！　ところがある日、気がつくと頭痛に襲われることがなくなっていたんです。大人になってからも医者として、そのことを不思議に思っていました」

ある退行の最中に、ジェイムズは彼の頭痛が癒された場面についても思い出した。「それは、エネルギー移動のような感じで……頭部の前面がちょうど……生きているように感じました」彼の説明によると、ETたちは治療手段として「自然に生じるプロセスをスピードアップする」ことが多いそうだ。

また、ジェイムズの話では、地球環境のなかで何がエネルギーの流れを阻害し、人間に病気をもたらしているのか、ETたちは特定するための調査も行っているという。

ジョン・マック（医学博士・PEER設立理事）から

ジョン・マック医学博士は、ET体験者が受けた治療行為を詳細に綴ったベストセラー『誘拐事件――人類とエイリアンの遭遇』の著者として知られる。彼はハーバード医学校ケンブリッジ病院で精神医学を担当する教授であり、なおかつET関連の国際的調査研究、教育および支援を目的とする非営利団体〈異常体験調査研究計画〉（PEER）の設立理事なのだ。

マック博士はETとの遭遇体験について、トラウマを与えるものの、人間を変容させ得る力がある現象だと語っている。つまり「私たちの自己認識および現実に対する理解を拡大し、神秘と叡智に満ちた宇宙へと」誘い、「宇宙の探求者としての人類の可能性を目覚めさせる」現象だと見なしているのだ。

マック博士のクライアントの一人、ピーター・ファウストについては、第十章ですでに紹介した。マック博士が報告しているヒーリング事例のうち、興味深い一例をここに紹介しておこう（以下に引用した報告は、いずれも仮名である）。

ポール――治療法に関する濃密な情報

この二十六歳の青年はマック博士に、コンタクト体験のなかで学んだETたちのテクノロジーについて、大いに語ったという。マック博士はその著作で、「ポールは私に『彼らの治療法に関する大量の情報——。私はこれらの情報を記録したノートを持っているが、それは非常に濃密な内容だった』と語った」と述べている。マック博士によれば、ポールの驚くべきヒーリング能力について証言する人は多い。そしてポールは現在、ETから学んだ癒しの手法をほかの人々に教えている。

スコット——被誘拐体験がある子どもの不幸

俳優・映画製作者である二十四歳のスコットは、子どもの頃から十代にかけて何回も「心因性けいれん」、「錯乱発作」、「幻視」などの診断を受け、多くの医療を受けてきた。マック博士とのセッションによって数々のETとの遭遇を思い出した後、スコットは自分の肉体的症状が実際にはフラッシュバック（訳注＝衝撃を受けた過去の情景が生々しい感覚を伴って甦る反応）を伴う「不安発作」、つまり遭遇体験の記憶によるものだと理解した。

そして、その後は霊的な人生を歩み始めるとともに、従来の医療に挑み、型破りな治療についての研究も始めている。なぜなら、様々な医学的検査を強いながら、ほとんど効果のない抗けいれん薬を長期にわたって相当量投与するだけだった医療のあり方に、彼は憤りを感じていたからだ。著作の中で、マック博士は次のように締めくくっている。

「幼い頃から長年にわたって、スコットと彼の家族が従来の医療から押しつけられてきた虚しい検査と医療処置、投薬について思うと、暗澹たる気持ちになる。膨大な時間と労力を費やして行われた検査の結果、彼に与えられたのは結局、間違った診断と不適切な治療だけだった。私が本書を執筆している間にも、親たちは被誘拐体験のある子どもを、無知な医者に差し出しているのだろうか」

C・D・B・ブライアン（ジャーナリスト・小説家）から

ジャーナリスト兼、小説家でもあるC・D・B・ブライアンは、一九九二年の春にマサチューセッツ工科大学（MIT）で開かれた〈誘拐事件調査会議〉に出席した。ジョン・マック医学博士とMITの物理学者であるデイビッド・プリチャードが共同で司会を務めたこの科学セミナーには、招待された者しか参加できない。

そこにはET遭遇体験を客観的に議論するため、世界中から一流の研究者、精神科医、大学教授、科学者が百五十人以上も集まっていた。もちろん〝被誘拐者〟たちも集まり、五日間にわたる会議の討論会で自発的に、それぞれの個人的な体験を披露していた。

この会議の内容に魅了されて、ブライアンはマスコミ関係者にありがちな懐疑論者から「その探求の真剣さ、価値を信じる者」へと変貌を遂げた。そしてその後、会議の詳細な記録である『第四種接近遭遇』を著したのである。

そのなかでブライアンが述べているように、会議では多くの「ETによるヒーリング」の事例も、「話のついで」として語られた。会議に参加した二人の研究者が報告した事例を、簡単に紹介しておこう。

イバン・スミス——カリフォルニア州に在住する催眠療法士

イバンはクライアントの一人について、こう報告した。「HIV（エイズウィルス）が陽性だったのに、陰性に変化した被誘拐者がいました」それ以上の詳細は、会議では明らかにされていない。

ジョン・カーペンター——ミズーリ州に在住するソーシャルワーカー

精神科のクライアントの治療に催眠療法を用いているジョンは、こう報告した。クライアントのエディーは二十歳の被誘拐者で、ETとのコンタクトの後、色盲が治った。地球外存在による検査の最中に、エディーは右目が取り除かれ、また元に戻されるのを感じ、彼らが自分を「治している」と信じた。

ジョンは、クライアントの視覚が「完全な色盲」から「緑色色盲」のみに変化したことを証言した医者の陳述書を持っていると語った。

スコット・マンデルカー博士（心理学者）から

スコット・マンデルカー博士はカリフォルニア州に在住する心理学者であり、ETとのコンタクト事例のなかでも、主に霊的次元をテーマに国際的な講演活動を行っている。彼は著作『宇宙人の魂をもつ人々』のなかで「二重存在」として生きる人々のテーマを探求している。つまり、彼は自分自身「どこかほかの場所から」来ていると感じ、魂が「志願」し、地球を救うために人間の肉体をもって生まれ変わったと確信しているのだ。そして、彼と同じように信じる多くのクライアントを診てきた。

マンデルカー博士は、「一億近いETが現在、地球に住んでいるかもしれない」が、その大半はまだ自分の出自が他の世界にあることに気づいていない、と推測している。彼は、好意的ETとのコンタクトは、ETの魂をもちながら自分の出自に気づいていない人々にとって「目覚めを促す鐘の音」だと分析している。その目覚めの鐘の音を聞いた結果、マンデルカー博士のクライアントの多くが、彼らにとって有益な肉体的および心理的変化を体験している。

ある三十五歳の芸術家は大学時代に、宙に浮く光の球の訪問を何度も受け、自殺願望の強いうつ状態から回復した。彼は、その光の球が知性と感情をもっていると感じていた。また、彼はマンデルカー博士に、光の球の訪問によって〝魂の転位〟が起こり、それから自分は「宇宙市民」的になったと語っている。

別のクライアントで三十代後半のゲイの男性は、HIV感染の疑われる症状が次々に現れ、ふさぎ込み自殺願望にかられた。痛みで麻痺したようになって、救急車で病院に運ばれたときには、彼の呼吸は停止し、魂が肉体を離れるのがわかったという。

しかし、たいていの臨死体験とは異なり、彼はそこで、自分が本当に亡くなったと思った。そして「聡明な意図を有しているような」ヒーリングエネルギーを吹き込まれ、「新しい霊魂」を受け取った……と感じたのである。この体験の後、彼の生活は健康面を含めて、あらゆる面で良い方向に向かった。

また別のクライアントである六十代のイギリス人女性は、子どもの頃の臨死体験を思い出している。彼女はかかりつけの医者によって死亡を宣告されたが、母親は「いいえ、この子は戻ってくるわ」と答えていた。「その子は全身に白い服をまとった存在と話をしている。こちらに戻ってくると決めるって、私にはわかるわ」

実際、その状態から彼女は回復して、こちらの世界に戻ってきた。今では、彼女はこう信じているそうだ。「自分の臨死体験は実際には〝魂の転位〟だった。そして、あのとき訪れたように、今も夜眠っているとき自分は〝故郷の惑星〟を訪れている」と。

選集『接近遭遇の芸術における禅』から

心理学者のポール・デイビッド・パースグラブは興味深い選集『接近遭遇の芸術における禅』のなかに、芸術家ロン・ラッセルの小論を入れた。この小論は、ラッセルがイギリスでミステリーサークルを探索中に体験した、不思議な出来事について書かれたものだ。

「宇宙絵画」の創始者であるラッセルは、主にイギリスの農村地帯で農民たちによく発見されているミステリーサークル――やさしくなぎ倒された穀物畑の跡――に好奇心を抱く。「知的エイリアンが、こうしたサークルその他の幾何学模様を描いているのではないか?」と推理したラッセルはそれから、「別世界の知的生命との交信および彼らの存在を示す証拠」となるような、様々な〝刻印〟に関心を抱くようになった。

彼は一九九二年に、CSETI（地球外知的生命探査センター）により組織された、あるミステリーサークルの調査旅行に参加。イギリスの穀物畑に出現した直径二十一〜二十四メートルもあるミステリーサークルの内側を、いくつか歩き回っている。「〝絵文字〟の周りをいくつか歩いた後、私は自分自身の肉体的、心理的変化に気づいた。軽度の慢性関節痛が消え、ほとんど睡眠を必要としなくなり、私は至福に満たされるようになった。〝絵文字〟から発する、生命力のようなものを受け取ったとしか思えなかった」

『接近遭遇の芸術における禅』に入っている別の小論では、ニューヨークの精神科医、リマ・E・レイボウ医学博士が、極めて興味深いクライアントの事例について書いている。

そのクライアントは医者で、ETとの遭遇体験について、突然思い出した一人である。彼女は夜中に目を覚まし、自分のつま先が放射状に切られていることに気づいた。その翌朝、彼女は早い時間にレイボウ博士のもとに駆けつける。レイボウ博士はそのときのことを、こう報告している。

「……私たちはともに一時間近い時間を過ごし、彼女のつま先の傷が放射状に開いた長くて深い傷から、少しずつ治癒していくプロセスを見守っていた。つま先の深い傷は少しずつ埋まり、赤みは引き、ついに外傷があった痕跡すらない、完全な皮膚状態へと変化していった」

〈TREAT〉（異常外傷体験治療研究センター）の設立者であるレイボウ博士は、この特異なヒーリングについて、「理解し、解明することさえできれば、手術や外傷治療に著しい影響を与えられる。そんな治癒プロセスを示唆していた」と述べている。

『ヒーリングの秘密』から

これまで見てきた事例からは、ETたちがヒーリングを施すだけでなく、〝示唆〟を含めて、人間にヒーリングの方法そのものを教えようとしていたことがうかがえる。なかでも典型的な事例が、『ヒーリングの秘密』に示されているので、ここで紹介しておこう。

本書は超心理学者であるハンス・ホルツァー博士の、百十九冊目の著作に当たる。ホルツァー博士が本書で取り上げたゼーブ・コルマンは三十六歳のビジネスマンであり、イスラエル軍の予備役でもある。そして彼は、別世界からヒーリング能力を受け取った、優れたヒーラーとなった。

シナイ砂漠で夜の監視軍務を務めていたゼーブは、近くの山に登りたいという衝動を覚えた。朝になってその山に登り、頂上の見張り場所に一人で座っていたゼーブは、一機の豆の形をした楕円形のUFOを目撃した。その宇宙船は近づいて来て、彼を砂糖菓子のような雲の中に包んだ。そしてゼーブの周囲を、十一人の背が低く、禿げた人間に似た存在が取り囲んだ。彼らはゼーブに話しかけてきたが、言葉が理解できなかった。

……目を覚ますと、彼は山の上に仰向けに横たわっていた。すでに午後だった。眩暈《めまい》と困惑を感じたゼーブは嘲笑されることを恐れて、このことを誰にも話すまいと考えた。しかし、ベースキャンプに戻ってすぐ、ゼーブは気づいた。彼が他人に触るだけで、相手は電気ショックを感じ、皮膚の損傷や頭痛といった肉体的な症状が癒される——ということに。

ゼーブは現在、生体エネルギー・ヒーラーを本職として、世界中の人々を治療している。彼のクライアントには、ヨーロッパの王族のほか、メラニー・グリフィス、ドン・ジョンソン、ラクエル・ウェルチ、カーリー・サイモンのようなハリウッドの有名人も含まれる。

アメリカで彼は各種のガン、多発性硬化症、心臓病その他の重い病気に苦しむ人々の治療に成功してきた。イスラエルで彼はサイキックとして有名になり、今や多くの医者が患者に彼のことを紹介しているのだ。

ゼーブによれば、彼のヒーリング能力は「シナイ砂漠で遭遇したETたちが彼の周囲に置いたエネルギー場のおかげ」なのだそうだ。ETたちが彼の生体エネルギー能力を変え、その結果、彼は自分のオーラ・エネルギーを引き出し、そのエネルギーを両手から放出できるようになったのだという。

「濃い霧——私を包んだプラズマ——によって、私のからだは一定のエネルギープロセスを通過したんでしょう。そのプラズマから何かを吸収したに違いないと、私は信じています。その出来事から何日か経って、両手の手の平をこすると、皮膚から小さな銀の薄片が出現した。それに時折、自分の頭からさらに身長の高さ分だけ伸びた、細い銀の糸のようなものを感じることもあります」

彼は今、治療のために彼のもとを訪れる人々の肉体から一定の距離を置いて、手をかざす。そうするように、「顔をもつ透明な影」たちから導かれているのだ。その存在は指導のために常に近くにいて、彼がエネルギーを人々に移動するところを見守っている。

ゼーブは自分の役割を「道具」として、とらえている。彼は自分のヒーリングについて、「助けられる運命にある人々」が自然に癒されるプロセスを、ただ速めているにすぎない……と考えているのだ。

こうしたゼーブの能力について、ホルツァー博士は「ETのバイオテクノロジーにより活性化された、地球における医療実験の一部」と見なしている。彼もまた、ゼーブの体験を特異なものだとは考えていない。

「一九九五年に報告されたヒューマノイド（人間型生物）を含めて、こうした事例の数々を空想や幻覚として退けることは、もはやできないでしょう。実際、宇宙には人類だけが存在するわけではない。また、地球外存在たちがもたらすパワフルなヒーリングの技術は、まだ完全に伝えられているわけでもありません。シナイ砂漠でゼーブが遭遇したときのように、彼らはごく不定期に、不意に出現しているだけ。そこが残念なところです」

私が本書を執筆している一九九八年の終盤、天界の存在たちと人類の劇的な遭遇は、ますます頻繁に「不意に出現している」ように見える。彼らは私たち人類に、癒し癒される能力を伝えようとしているのだろうか？

本書で紹介したETによるヒーリングと、また遭遇後にヒーラーになった人々の事例を考えれば、事態は少しずつ進行しているように思える。つまり私たちは別世界に源をもつヒーリングパワーを、一般に考えられているよりはるかにたくさん、頻繁に利用できるようになっているのだ。そう結論づけても、あながち間違いではないと思うのだが、いかがだろうか？

第十七章　私自身の事例から

もちろん私は〝被誘拐者〟ではないし、自分をET遭遇体験者だと見なしているわけでもない。それでも、私はナンシーと出会って以来、天界の存在たちに対して常に心を開いてきた。それに私は、〈天界からのヒーリング〉を実際に体験した一人でもある。

そして今、それを体験できて本当に良かったと思っている。少なくとも私にとって、天界からのヒーリングは安全で、効果があるものだったからだ。肉体面だけでなく、精神面への啓発的な効果も大きかった。天界からのヒーリングを受けたことで、私の意識は異なる次元へと探求を始め、現実認識を大きく拡大していく機会がもたらされた。

そのことで、私は本当に元気づけられた。「宇宙にいるのは、私たち人類だけではない」と知り、「私たちの幸福を願っている、別の知的生命体が存在する」と信じるとき、私たちは拡大された宇宙的視野に立ち、深い霊的な安堵感に達する。今、〝現実〟と考えられている世界の向こう側に、より多くの愛が存在することを思うだけで安らぎを感じるのは、私だけではないはずだ。

この宇宙共同体のなかで、愛をもって果たすべき自分の役割とは何だろう？　そう考えるだけで気持ちが落ち着き、元気づけられるような気がする。だから、私はこれからもこのテーマを探求していくつもりである。

ある種の人々にとっては、それは私のように、自由な選択の結果とは思えないのかもしれない。ある日突然、自分自身の隠された過去を思い出し、自分がET体験者であることを自覚する人もいる。ぼんやりとした手掛かり、夢からのメッセージ、退行療法などによって、やっと自分がET体験者であることに気づく人もいる。また、ETや宇宙共同体という存在の可能性を積極的に受け入れ、自らの思考・感情・ライフスタイルを意識的に〝開いて〟いく人々もいるだろう。

そういった可能性に自らを開くとき、私たちは往々にして、何らかの〝体験〟を得ることになる。もしかしたら、あなたもそのうち、自分がET体験者だと語っている自分に気づくかもしれない。

あなたは体験者ですか？

ここまでの報告を読めばわかるように、ET遭遇体験者たちの報告には、いくつかの共通項がある。そしてUFO研究家や専門療法士たちは、遭遇体験の結果として生じる肉体的・精神的・霊的な共通項が、一つの指標になると考えている。つまり、共通項と一致する何らかの兆候が本人にあれば、その人には隠れたET体験があるのかもしれないのだ。

第一章で紹介したリン・プラスケットのように、UFOに関するテレビ番組を見て、突然、過去のET体験に「目覚める」体験者もいる。また、何らかの悩みがあって専門療法士を訪ね、偶然に過去の遭遇体験を思い出す体験者もいるだろう。しかし、すべての人が、ETとの遭遇体験を意識的に思い出せるわけではない。不思議な夢、奇妙な偶然の一致、説明のつかない出来事……などを体験することがあったとしても、多くの人々はそれらの兆候を無視して、忘れようとする傾向があるからだ。

私はこういった現象について探求を始めたとき、自分にET体験があるなんて思ってもみなかった。しかし今なら、仮に自分にそういう過去があったと知っても、それほど驚かないだろう。実際、振り返ってみると、共通項と一致するような体験がないわけでもない。とりわけ、健康な生活に関する実用的な記事を書いていた私が、専門テーマとこれほどかけ離れた〈天界からのヒーリング〉について調査・研究を始め、本書を執筆しているという事実！　この事実そのものが、〝兆候〟とはいえないだろうか？

まず、会ったばかりのナンシーを信頼し、天界からのヒーリングを冷静に受け入れたこと。ETの存在とヒーリングの可能性に対する、オープンな好奇心。天界からのヒーリング、そして型破りな治療の選択。もちろん、これらのすべては隠れたET体験があったからではなく、単に現代医療への不信と恐怖によるものかもしれないが。

しかし、私は天界からのヒーリングを体験した後に、奇妙な存在が登場するという、非常に鮮明な夢を繰り返し見ている。誰でもこの種の真に迫った夢を見ることがあるから、このこと自体はともかく、〝夢〟から持ち帰ったものについてはどうだろう？　私はあるとき夢から目覚め、自分の両手の平に奇妙な、火花のように輝く薄片を見つけたことがある。

それは、首都ワシントンのアパートで一人暮らしをしていた一九八六年頃のことで、私はまだ独身だった。手の平に光り輝く物質を発見すると、私はすぐにベッドから飛び起きて、洗面台に走った。このネバネバする〝火花〟の出現は、全く説明のつかないものだったから、私は驚き興奮した。……にもかかわらず、私はこの奇妙な体験を誰にも話さなかったし、忘れていた。ほぼ一年後、別の都市で暮らしていた私の身に、再び同じことが起こるまでは。そして私は、この二度目の奇妙な出来事も、すぐに忘れてしまったのだ！

本書を執筆するための調査・研究を始めて、私はやっと、忘れていたこの出来事を思い出した。前章で紹介した有名なヒーラー、ゼーブ・コルマンの体験談を読み、オフィスの椅子から飛び上がって叫んだのだ。「なんてこと！　これって、私に起きた出来事と同じじゃない？」と。おそらく、私の両手に残っていた火花は〝どこかほかの場所から〟来たもので、それは天界の存在と何らかのコンタクトがあったことを示す印といえるだろう。

今のところ、私が両手で癒せるのは、ほんのささいなことにすぎない。しかし、多分私は行うことになっているのだ。本書の読者をはじめとして、多くの人々が天界からのヒーリング体験についで話したり学んだりするための、サポートを。

本書を読んでいるあなたにも、ＥＴとの隠れた遭遇体験があるかもしれない。私は心理療法医でもUFO研究家でもないので、「もしかしたら?」と思う方には、体験者や研究家の報告を読むことをお勧めする。巻末の付録〈ETとの遭遇体験が考えられる一般的な指標〉を使って、チェックしてもいい。そしてもし、この指標に「イエス」の答えがあるなら、やはり巻末の「体験者のための参考資料」を活用してほしい。そこには、あなたが援助を求められる専門家、団体をリストアップしておいたから。

ところで、こうした情報に触れる際に、覚えておいてほしいことがある。それは、決して無理をしない、ということだ。無意識下に抑圧してきたものがある場合、人によっては、突然の刺激にパニックを起こす可能性がある。恐怖と動揺で心がいっぱいになったと感じたら、とりあえず本書を読むのをストップしよう。今はまだ、あなたにとって探求すべき時期ではないのかもしれない。あなたにはまず、より具体的なサポートが必要なのかもしれないし、あるいは当分、こうしたテーマを心から締め出す必要があるのかもしれない。

どうかあなたの直感を使って、あなたの感情に耳を傾けてほしい。何が今のあなたにとって最も適切なのかを知っているのは、あなた自身なのだから。

天界からのヒーリング——私の体験

ガンセンターのベンチに座っていたナンシーと初めて出会ったとき、悪夢のような診断と今後の治療計画に絶望していたせいか、私の心に彼女の言葉はスッと入ってきた。その後、迫り来る手術、薬物療法といった攻撃的な治療計画を思い、眠れずに寝返りを繰り返した深夜にも、ナンシーの言葉が私のなかでこだましていた。

私は甲状腺切除のために予定されていた手術の二週間前に、手術前検査を受けにガンセンターを訪れた。検査の呼び出しを待つ間、ナンシーに会いたいと願いながら待合室の椅子に座っていると、白衣を着た彼女がぶらりと通りかかった。嬉しくて思わず微笑み、少し座ってほしいと頼むと、ナンシーはうなずいた。「この人には私の話が理解できたのね」というように。

彼女は治療計画を放棄すべきだとはいわなかったが、仲間とともにヒーリングをしてくれると約束した。ナンシーはこういった。「青色光線を使って、特別なヒーリングをしましょう。あなたの喉のあたりを、綿密に調べてみるわ」

それから彼女は私に尋ねた。「もし、あなたさえよければだけど――私たちは、感情的・霊的アンバランスを調整するために、よく使っている地球外エネルギーを呼び出して、直接チャネルするつもりだけど？」

私は「ぜひやってほしい」と依頼して、何か伝えるべきことがあれば連絡してもらえるように、自分の電話番号を渡した。私はただ、「やってもらおう」と思ったのだ。遠距離ヒーリングであれば、たとえ効果がなかったとしても、害はないだろうと考えて。

検査の順番が来て看護婦に呼び出され、私は慌ただしく席を立った。急いでいたので、お礼をいうだけでナンシーと別れ、電話番号も聞きそびれた。私はこのとき、まだ彼女の姓すら聞いていなかったのだ。

そして、手術前のうんざりするような慌ただしさのなかで、私はナンシーのいったことをすっかり忘れていた。そうでなければ、私はもう少し自分の感情に注意をはらっていただろう。ナンシーはいつヒーリングを行うとはいわなかったが、「ヒーリングの後であなたは怒りを感じると思う」と予告していたから。

かくして私は突然、激しい怒りに襲われた。病院でナンシーと話して、数日後のことだった。台所で大声を出して鍋を投げつけ、窓を開けて食器を外へ投げ飛ばした。それから私は寝室に鍵をかけて閉じこもり、大きな羽毛枕で金切り声を押し殺しながら、叫んでいた。「何なのよ、これは！」「私はママの二の舞ってわけ？」「結局、ママと同じ目に遭うのね！」

私の母は完璧な〝母性愛の女性〟で、家族が人生のすべてだったが、妹が一歳のときにはガンと診断されていた。母は常に医者の指示に従う、極めて従順な患者で、何度も手術を受けた。そして結局、四十代の若さで亡くなったのだ。ガンにおいては、従順で理想的な患者は往々にして、そのまま大人しく亡くなっていく。医者もしくはヒーラー、あるいは何らかの代替療法家と連携して、自ら主体的に治療計画に取り組む患者のほうが、多くの場合、ガンからの生還率は高いのだ。

……散々泣きわめいたあげく、私はベッドの上で少しずつ、落ち着きを取り戻していった。そのとき、突然ポンと心のなかに浮かんだことがあった。「そうよ。私は実際、母とは全く違う人間なんだわ。だから、母のようになる必要もない。母と同じように早死にしなくたって、いいんだわ」次に私は、ナンシーの言葉を思い出した。

「ヒーリングによって、不快感や痛みを感じることはないから安心して。でも、その後で、あなたは自分が激怒していることに気づくかもしれない。あなたに否定的エネルギーがあるようなら、私たちは霊的・アストラル的なつながりを切って、それを解放するつもりだから」

ナンシーは、こう話していた。では、さっきまで激怒し、泣きわめいていたことがそれだったのか？　これは、ナンシーたちが行ったヒーリングの結果として、起こったことだったのだろうか？

いずれにしても、このときすでに、私の心は決まっていた。私は、羽毛枕に顔を埋めたまま、こう決断を下したのだ。与えられた治療計画——従来の攻撃的な現代医療に替わるものを探し出そう。そしてもう、自分のガンを恐れるまい、と。

このとき、私はガンを自分の一部として受け入れた。私のなかにガンがあるとしたら、すでに私はガンとともに生きている。それなら、ガンを憎むのではなく、ガンから学ぼうと決めたのである。ガンの原因となった人生のアンバランスを正し、これから自分を癒していこう。私の人生を修復し、本当の意味で自分を癒すことができるのは、自分だけなのだから……。

こうして私は手術を取りやめ、人生の修復、生き直しにとりかかった。しかし、ナンシーは電話をくれなかったので、彼女との再会には少し時間がかかった。「ナンシー」という名前だけで、ガンセンターのような巨大組織が、本人に取り継いでくれるだろうかと考えて、こちらからは連絡をとろうとしなかったからだ。

しかし、どうしてもナンシーと話したいと思った私は、ある日の午後、チャレンジしてみた。

ガンセンターに電話して、ナンシーを呼んでほしいと頼んだのだ。「どちらのナンシーさんでしょうか？」「宝石をたくさん身に着けている人」と説明すると、すぐに「ああ、ナンシー・レゲットさんのことですね。彼女は会計課にいます」そう言って、電話をつないでくれた。

電話口に出たナンシーは「あなたが電話をくれるのを待っていたのよ」といった。「あなたが私の話を理解できたとしても、基本的に、病院の患者には干渉しないことにしているから」

私は手術を止めたこと、自分で治癒計画を立てていることを話した。すると、彼女は笑っていった。「ヒーリングセッションのとき、あなたの甲状腺周辺を見たけど、そこには何もなかったわよ。何にも！　だから私たちはあなたとお母さんとの古いつながりを断ち切って、喉にたっぷり青色光線を浴びせておいたの」

加えてナンシーは私に、地球外エネルギーやチャネリング情報に関する、興味深い本を何冊か紹介してくれた。また、次はチャネリングによる天界からのヒーリングを受けるように勧め、デイビッド・ミラー（第十三章）の電話番号を教えてくれた。

それから彼女は、こんなふうにほのめかした。「あなたはこういったテーマで、これから多くの人と話すようになるわ。そして、それについてたくさん書くことになるでしょうね」

このとき私は、彼女が何をいっているのか、わからなかった。私のなかに〝書きたい〟という衝動が湧いてきたのは、天界からのヒーリングを探求するようになって、何か月も経った後のことだったから。

チャネリングによる〈天界からのヒーリング〉

これから紹介するのは、デイビッド・ミラーが私に行ってくれた、チャネリングによるヒーリング・セッションの筆記録である。行われた時期は、ちょうど私が甲状腺ガンと診断されて、二か月後のことだった。ちなみに、セッションはデイビッドが全米のクライアントに対して行っているように、電話を使って行われた。

南フロリダに住んでいる私は、指定された時間に、アリゾナ州に住むデイビッドに電話し、セッションをスタートしてもらった。携帯電話を握り、指示された通りに居間の柔らかいソファにゆったりと座って、深呼吸を繰り返して瞑想状態に入る。最初はドキドキしていたが、目を閉じてデイビッドの声を聞くうちに、次第にリラックスしていった。

私はデイビッドを通じて、天界の存在たちが語る言葉を、何も考えず、何の判断もくださずに聞いた。デイビッドがチャネルしている存在が誰であろうと、私はこの新しい体験に対して心を開いていたし、学ぶ準備ができていると感じていた。

＊　＊　＊

……高振動数の音色、音色、音色……

こんばんは。私はジュリアーノといいます。私たちはアークトゥルス星人で、私はアークトゥルス星人の指揮官の一人です。私たちアークトゥルス星人は、ある使命を携えてこの地球に来ています。なぜなら、あなたのように自分の〝目的〟に目覚めつつある人々、ほかの惑星系にいた頃の過去生に目覚めつつある人々が、あまりに多いからです。

バージニア、あなたは自分がかつてプレアデス星団にいたこと、そこで首尾よく生まれ変わりを繰り返してきたことを、覚えていますか？　そして今、あなたはここ地球の〝学校〟にいて、この生涯において、プレアデス星団で起こったことを思い出し始める時期にいます。あなたは、地球が五次元へ移行するプロセスに参加し、それをサポートするために、ここにいるのです。

あなたもわかっているように、今この惑星は驚異的な時期を迎えています。あまりに驚異的なので、あらゆる銀河系から地球にやって来ている存在がいるわけです。そのうち、ある種の存在は観察しているだけですが、そうでない存在もいます。あなたのように、自ら志願して地球で人間の肉体をもって生まれ変わり、〝直接体験〟するためにそういう肉体の生まれ変わりを使っている存在もいます。直接体験とは、あなたが「生徒」である、ということです。地球でこの進化のプロセスにいるとは、どういうことなのか？　それをあなたは学び、あなた自身と、あなたが観察しているほかの人々がどのようにして、この移行を乗り切るのか？……についても学んでいます。

病気はこうした学びを進める、一つの道具のようなものです。それは人の潜在意識へと深く導くことで、自らの本当の霊的特質＝霊的光に触れるように促してくれます。つまり病気とは、そのような〝活性化エネルギー〟の一種なのです。あなたの病気はすでに多くの点で、それをうまく成し遂げてきました。今は、あなたの霊的光の、より深い活性化に入っていくとき……。これが、今晩、私たちがあなたとともにやろうとしていることです。

そろそろ心地いい状態になって、肉体を離れる準備ができてきましたね？ あなたをこちらに招待できることが嬉しく、私たちはとても興奮しています。ここには、導き役としてあなたを待ち受ける友人たちがいます。最初に、あなたを異なる状態に誘う音色を、私が歌いましょう。それから、私はあなたに指示を与えます。

……音色、音色、音色……

そこに心地よく座っている間に、あなたの意識だけが肉体から上昇するのを許しましょう。私たちは、家の上空に特別な光の回廊を設けました。あなたの頭上にある、この光の回廊は、より高い次元に入っていくための入口、移行路――特別な回廊です。なぜならそこを通過することで、あなたの意識・霊的本質・エーテル状のアストラル体が上昇し、より高い次元にいる私たちに、会いに来られるようになるから。

この巨大な光の回廊、あなたの頭上にあるシルバーブルーの光を感じてください。あなたの意識、エーテル的感覚の中で、自分がこの回廊を上昇するのを感じて……。あなたはどんどん高く上昇し、浮遊しているような感覚で家々を見下ろし、地球を見下ろしていきます。

そのままあなたは回廊を上昇し、巨大な宇宙船の中に入っていきます。これはアークトゥルス星系から来た、指令船の一つです。あなたは宇宙船のなかにある、私たちのヒーリングルームに入ります。あなたは霊魂の状態でこの〝癒しの部屋〟に入り、肘掛け椅子の一つにゆったりと腰をおろし、とてもリラックスしています。

まるで電話ボックスに入ったように、あなたの椅子の周囲は青い光で囲まれました。そこは今、あなたが見たこともないような特殊な青い光で満ちています。それは霊的な光で、あなたの意識、霊魂に浸透しつつあります。そしてそれは、あなたの肉体にも癒しの感覚を拡げていきます。今から私は特別なヒーラーを一人、派遣します。彼の両手があなたの頭の後ろに置かれるのを感じてください。

……音色、音色、音色……

私たちは、あなたの脳・意識・記憶のなかへと深く入っていきます。あなたの記憶のなかにはいくつか活性点があり、刺激されるのを待っているからです。これらの新しい音を聞くと、過去生からのあなたの記憶が刺激されます。そして、プレアデス星人に関するあなたの記憶が、活性化されていきます。

……音、音、音色、音色、音色……

エーテル体の脳のなかで青い光の稲妻が起こり、あなたは目覚めつつあります。あなたが以前、プレアデス星人として獲得した知識、到達した意識の一部が目覚めます。

そこで、私たちはあなたに、もっと多くの光を送ります。今から、椅子に座っているあなたを回転させましょう。これはあなたが今まで体験したことがない回転ですが、目が回ることはありません。あなたの意識を活性化させる〝回転〟なのです。人のエネルギーレベルが高まり、周波数が高まると、意識も高まる――このことを覚えておいてください。人は高い周波数にいるとき、意識のより高い領域に入っていくことができます。さらに椅子を回転させ、回転を加速していきますが、眩暈は感じません。あなたはただ、加速された速度で移行し、上昇している自分を感じるでしょう。

……今、私たちは別の領域に入りました。私がエーテル体のあなたの手を握っているから、ついてきてください。私たちは長い回廊、大きなトンネルを下り、プレアデス星系に到着しました。私たちは、あなたが以前いた惑星の一つに来て、神殿の図書館に入っていきます。あなたはここで休んでいてください。その間に私たちは地球と、そこで発生している病気について、情報を探しましょう。……あなたの肉体が抱える問題について、書かれた本を見つけました。あなたの肉体の問題は比較的〝ささいな〟レベルのようです。私たちは情報の要点を取り出し、テレパシーであなたの肉体に供給します。

……シャーという音……

あなたは新しい思考波を身につけるでしょう。この新しい思考波は、あなたがあらゆる不快感の痕跡を取り除くのに役立ちます。あなたが地球に戻り病院へ行っても、肉体の問題は発見されないでしょう。もはやそこには、何もないからです。

……シャーという音……

今から私たちはプレアデスの特別な神殿に向かい、水晶でいっぱいの部屋に入ります。そこでハートの形をした――地球では見たことがないような――美しい水晶を手に取ります。その水晶を、肉体で病んでいた領域に当たる、エーテル体の部分に置きましょう。今から、あなたが聞いたことのない特殊な音楽を奏でます。その音楽はハートの形をした水晶とともに振動します。その連動によりヒーリングが行われ、やがて完了します。

……音色、音色、音色……

ヒーラーで、あなたの友人でもあるプレアデス星人たちが、入ってきました。あなたは横になって休息しています。私たちはあなたのエーテル体の上に立ち、光を送りながら歌っています。私たちは、あなたの上にとても軽くて薄いシートをかぶせました。このシートは、あなたがここで遭遇したバイブレーションを保持する、固定カバーのようなものです。自分の上に浮かんでいるシートを、あなたは心地よく、慰められるように感じています。

今、シートが取り去られました。私たちはともにいてくれたヒーラーたちにお礼をいって、神殿を去ります。私たちは図書館に戻りました。図書館で、引き続きあなたに必要な情報を受け取れるように……。そして図書館を去ります。私たちは美しい光の回廊を通ってアークトゥルスの宇宙船まで戻り、あなたは再び、癒しの部屋でゆったり腰を下ろしました。

この場所から、あなたの地球での肉体を見下ろすことができます。私たちは、あなたの肉体に光を送っています。さらに、あなたが獲得した情報と知識を肉体に送り込みましょう。それは、あなたの頭を通して地球での肉体へと流れ込んでいます。だから肉体に戻ったとき、あなたはパワフルに充電されたように、心がワクワクと活性化しているのを感じるでしょう。

……あなたは回廊のなかにいて、地球での肉体に戻りつつあります。私たちは今、あなたを送り返していきます。あなたはゆっくりと回廊を下り、再び肉体に入っていきます。そしてあなたは心地良く、再び肉体と適合します。

今、あなたは私たちとともに、短いながらも大変力強い旅を終え、帰還しました。私たちは引き続き、あなたに光を送るためにこの回廊を使っていきます。私たちは、これからもあなたが望む方法で、あなたとともに活動していきます。なぜなら存在のあらゆる側面で、あなたは明るく輝いているから。私はジュリアーノ、私たちはアークトゥルス星人です。おやすみなさい。

＊　＊　＊

〝高振動数〟だという音色がするたびに、ズキズキする、ひどい痛みを後頭部に覚えた。そのことに最初は不安を感じたが、不思議なことに、不安はすぐ安心に変わった。その痛みこそ、何かが起こりつつある合図だとわかったからだ。

チャネリングが終わったとき、疲れ切っているのに気持ちは高揚していて、まるでどこか遠くへ出かけた、素晴らしい旅から戻ってきた直後のようだった。体調に目立った変化は感じなかったが、その後、ガンに関連する症状が出ることもなかった。再び頭にズキズキする痛みを感じることもなく、プレアデス星人としての過去生が意識に浮上することもなかった。

それでも、私は自分が〝新しい思考波〟を生きているような気がする。私の「病気」は確かに、自分の霊的特質を思い出し、人生の非物質的な側面に関心を向けるのに役立った。私のなかで何かが目覚め、人生が質的に変化しつつあることは、疑いようがなかった。

「ガン」それとも「目覚めの鐘」？

その後、〈アメリカ甲状腺財団〉からパンフレットが郵送されて来た。それは面白いことに、ちょうど私の手術が予定されていた日のことだった。

そこには、こう書かれていた。「甲状腺組織を顕微鏡で綿密に調べると、〝正常な〟甲状腺の十パーセントまでに乳頭状ガンの小さな領域が発見されることがあります。当然ながら、病理学者がこうした小さなガンを綿密に探せば探すほど、それは発見されます。しかし、**こうした顕微鏡上のガンは臨床的な重要性をもたない**ように思われます。つまりそれは、**病気というよりはむしろ一種の〝奇形〟**のように思われるのです」「毎年、アメリカにおける乳頭状ガンの新たな事例はわずか一万二千件程度で、患者の平均余命は非常に長いものです。よって、**千人に一人はこの形態のガンをもっている**と私たちは推定しています」（※強調は著者によるもの）。

病気というよりは奇形の一種？　甲状腺乳頭状ガンは、千人に一人の割合で発生している細胞異常？　幸運にも、気づかずに寿命を全うする人々がたくさんいる？……そう書かれたパンフレットを読んで、私は非常に驚き、そして安心した。与えられた治療計画を放棄した決断が、正しかったと確信できたからだ。

思えば、ナンシー・レゲットは初めから、私は健康そのものだといっていた。デイビッド・ミラーがチャネルしたアークトゥルス星人も、私の甲状腺に「ささいなレベルの問題」が存在していたとしても「それはもはや存在しない」と語っていた。少なくとも、私の甲状腺の状態には「臨床的な重要性」が認められないと、型破りな医者も診断している。私自身もそう思う。

とはいえ、私は本書で「天界からのヒーリングを選び、すべての現代医療を放棄しよう」と呼びかけるつもりはない。すでに現代医療で証明されている奇跡のすべてを、捨ててしまうことはないだろう。それは甲状腺ガンであろうと、どんな種類のガン、そのほかの診断を受けた場合であっても同じだ。私の場合は数々の検査を受け、甲状腺に目立ったレベルの腫瘍がないことはわかっていた。つまり一刻を争うような症状ではなかったから、「型破りな治療をやってみよう」と決断できたのだ。また、この決断が正しかったのかどうか、それが本当にわかるのはずっと先の話だろう。

今の時点でいえるのは、この〝型破り〟な方向選択が私にとって「正しいと感じられた」ということだけだ。何より重要なのは、こうした直感に従った結果、私の人生に起こったことではないだろうか？　ガンの診断を受けたことで、私は現実の〝新しい見方〟への旅に導かれた。そしてその旅によって私自身、どんどん変わっていくことになった。つまりガンの診断は私にとって〝目覚めの鐘〟となったのだ。

私はここで、あなたが現在、採用している健康プランに一つ、〈天界からのヒーリング〉を加えてみることを提案したい。あなたの主治医のアドバイス、数々の代替療法による健康管理、宗教的・霊的習慣に〈天界からのヒーリング〉を加え、探求してみる価値はある——私はそう考えている。少なくとも、それがあなたに害を与えることは決してない。だから別世界からの可能性に、あなた自身をオープンにしてみてはいかがだろうか？　そうすれば、あなたは意識を拡大し、それに伴って自動的に、あなたの精神的・肉体的な健康状態も改善されることになるだろうから。

私は、「気が狂った」のだろうか？

もちろん、別世界への可能性に自らを開くことは、容易《たやす》くはないだろう。人は誰しも、この社会に順応して生きるため、〝常識的〟であろうと努めている。だから人は、ETによるヒーリングはおろか、遭遇体験者のことさえ認めようとは思わないし、さっさと「UFO狂」「ヒステリー患者」というレッテルを貼って、意識の外に追い払おうとするのだ。

私が初めてナンシー・レゲットに会ったときも、彼女の正気を疑った。その後、自分自身の正気を疑ったこともあった。しかし、ET現象を研究・調査するようになって、遭遇体験者の大多数が、聡明で有能な社会人であることがわかってきた。当然ながら、彼らには精神障害を病んだ前歴もない。それでも、彼らはETの実在を確信していた。そればかりか、地球外存在、天界の存在と連絡を取り合っていると語る人さえいたのだ。

こうした体験者たちに対しては、彼らをクライアントとする専門療法士たちが主にその記録を作成し、これまで多くの心理学的研究がなされてきた。私はこれらの記録の、ほとんどすべてに目を通したが、そこに精神病理を示すものは何ひとつ見つけられなかった。つまり誘拐事件やE

T体験はいかなる精神病理――抑圧された性的・肉体的虐待、集団ヒステリー、個人的空想、精神病、多重人格障害、心因性徘徊症（情緒的原因による長期間の記憶喪失症）――に起因するものでもなく、また脳の側頭葉が何らかの原因で刺激され、幻覚が生じる側頭葉機能不全によるものでもなかったのである。

第四章でコニー・イゼールが話しているように、たいていの体験者はある時点で、一度は自分の正気を疑う。また「気が狂った」というレッテルを貼られることを恐れて、自分のET体験を人に話すことはしない。その点について、ETとのコンタクト体験者を扱うカリフォルニア州の催眠療法士、バージニア・ベネットはこう語っている。「ETとの遭遇体験の九十五パーセントは好意的なものだが、その場合、体験者はプロに助けを求めないことが推測される。そのため、調査研究者のなかには、報告されない事例がどれだけあるかわからないと考える人もいる」

それに、プロに助けを求めたくても、専門家を訪ねられない体験者も多いだろう。なぜなら、そこでも「気が狂った」というレッテルを貼られる可能性があるからだ。とはいえ、最近はますます多くの専門療法士が、ET関連のクライアントを受け入れるようになっている。『コズミック・ヴォエージ』の著者、コートニー・ブラウン博士は、その数字をこう推定する。「今までのところ、アメリカで約四万人の人々が自らの被誘拐体験に関して、何らかの形でプロの助けを求めたと思われる」

この広範な現象に対して、私たちの社会はまだ、ある種の「精神障害」というレッテルを貼ったわけではない。しかし、こうした現象から目をそむけ、いつまでも「存在しないふり」で放置するわけにもいかないだろう。私たちの社会は今後、次の二つのうち、いずれかの道を選ぶ必要があるのだ。つまり、一つは新たな精神障害の種別を創設して、精神衛生分野の開業医が人々に「ET人格障害」もしくは「UFO関連徘徊症」といった診断を下し、投薬、催眠療法その他の治療を処方できるようにする方向。もう一つは、私たちが共通して〝現実〟と認識し、現在機能している三次元社会と同程度にリアルな別世界、別の次元が存在しているという事実を受け入れる方向――である。

現在、世界中でますます多くの人々が、UFOやETとの接近遭遇を果たしている。そのなかにはヒーリングを受けた、あるいは、地球外存在とのコミュニケーションを続けている、と主張する人々もいる。こうした人々の存在を、認めるのか、認めないのか？　彼らは正気なのか、精神障害なのか？　私たちは、そのいずれかを選ばなくてはならないのだ。

あなたはどう思うだろう？　ET体験があると主張する人たちは、正気ではないと思うだろうか？　あるいは、彼らは真実を語っていると思うだろうか？　UFO／ET体験は、ほとんど全世界で進行しつつある精神異常、心理的現象なのだろうか？　確かに、そう決めつけ、「精神障害」のレッテルを貼っておいたほうが、脅威を感じずにすむと考える人は多いだろうが。

もちろん、私自身は、すべての体験者が正気を失っているとは到底考えられない。私が実際に会って話を聞かせてもらった体験者にしても、誰一人として気が狂っているようには見えなかった（私は精神障害の前歴がある芸術家たちにインタビューをしたこともあるから、特異な体験と狂気の違いを、ある程度区別できる自信がある)。

それどころか、私が本書執筆のために出会った体験者たちは、私たちより精神的に進んでいるようにさえ見えた。体験者には実際、高度なサイキック、ヒーリング能力をもつようになった人々が少なくない。その直感力においても、心霊的なレベルにおいても、私たちより一歩、進化しているように思えてならなかったのである。

もし、ジョン・ハンター・グレイが実質的に、老化のプロセスを遅らせているのなら。ロン・ブレビンズがヒーリングの際に、テレパシーで指示を受け取っているのなら。そして普通の平凡な人々が、一夜にして病状を癒されることがあるのなら――。あるいは今という時代は、SFに描かれたような未来から、何光年も離れてはいないのだろう。

もし、ごく普通の、平凡な人々が別世界の存在と遭遇を始め、その体験を通して学び、進化を始めているのなら。人々と、自分自身を癒し始めているのなら。「彼」や「彼女」だけでなく、それは誰もに――肉体的、情緒的、心霊的なレベルにおいて――起こり得ることだろう。もちろん、あなたも私も、決して例外ではあり得ないのである。

第四部　それは、あなたにも起こり得る

「癒しには時間がかかる。また、その好機を捕らえることも必要だ」

——ヒポクラテス

「奇跡は起こるものだ。それは自然に反してではなく、我々の自然に関する知識に反して、起こるものなのだ」

——聖アウグスティヌス

「癒しの主な要因は、愛である」

——パラケルスス

第十八章　どうすればETと遭遇できるか？

この章では、ヒーリングを含むET体験を探求したいと考えている読者に向けて、そのための指針をいくつか提供しておきたい。

ただし、この〝旅〟に出かけようと思うなら、まず充分なサポート体制を用意することを念頭に置いてほしい。未知の領域への旅には未知の危険が付きものだが、とりわけET関連の領域には、心理面での危険性がつきまとう。人によっては、本や映画でUFO／ET関連情報に触れるだけで、悪夢や不安に襲われるようになったり、激しい動揺と恐怖でパニック状態に陥ったりすることもあるからだ。

だから、ET現象を探求していこうと思うならば、あなたの心に寄り添ってくれる同伴者を、少なくとも一人は用意してほしい。パートナーか親しい友人に、あなたが出かけようとしている〝冒険旅行〟の、良き理解者になってもらうことだ。

パートナーや友人の協力が得られて、自分自身も心の準備ができたなら、さぁ、ET体験の様々な情報について探求を始めよう。このとき、あなたがETと直接コンタクトしたいと願うなら、お勧めできるのは次のような段階的取り組みである。

ETとコンタクトするための段階的取り組み

1　瞑想を毎日の習慣にする。
2　ET関連の領域を専門的に扱っているチャネラー、もしくはヒーラーのセッションを受ける。
3　〈地球外知的生命研究センター〉（CSETI）の「第五種接近遭遇起動計画」（CE-5initiative）に参加する。
4　〈モンロー研究所〉（The Monroe Institute）のプログラムに参加する。
5　〈遠隔透視協会〉（The Farsight Institute）のプログラムに参加する。

こうした段階的な取り組みに本気でコミットしようと思えば、ライフスタイルにおける柔軟性だけでなく、それなりの時間的・経済的な投資も必要になってくるだろう。

例えば〈モンロー研究所〉や〈遠隔透視協会〉は、意識の探求および拡大のための集中プログラムを提供している団体である。そこでは、知られざる領域への接近方法について、極めて具体的な集中訓練を行っている。よって、プログラムに参加できるなら、その投資に見合うだけの収穫は得られるだろう。

とはいえ、あなたはそこまで投資する必要を感じないかもしれない。ただ瞑想を習慣にして、意識的に自分を地球外エネルギーに開くだけで充分だと感じる人もいるだろう。ET関連の専門家によるサポートだけを望んでいる人もいるだろうし、ETとの意識的なコンタクトを試みる探求者のグループに入りたいと望む人もいるだろう。

あなたの進む道は、あなたが望む体験によって違ってくる。それは本人の決めることであり、あなた自身が「こうしたい」「やってみたい」と思うことそのものが、あなたが進むべき道の、最も適切な道しるべとなる。だから、自分の直感、心の奥深い声に従って、どうかあなたが行きたいと望む道を行ってほしい。

ただし、どの道を行くにしても、知っておいてほしいことがある。別世界の存在たちに対して自らを開こうとするならば、誰でも自分を守る方法を修得しておく必要がある、ということだ。目に見えない世界には、善良な存在もいれば、善良とはいえない存在もいる。それはちょうど、こちら側の目に見える世界、三次元の日常的現実に、善良な人とそうでない人がいるのと同じように。

たとえば深海の旅に出かけようと思うのなら、人はそこで危険な海洋生物に遭遇する可能性を考えて、何らかの予防措置をとるに違いない。ジャングル、砂漠を旅する場合であっても、見知らぬ外国の都市への旅、登山であっても、同じことがいえるだろう。これは、目に見えない世界へ冒険の旅に出かける場合も、全く同じなのだ。ETとのコンタクトを望むなら、その前に私たちは一定の予防措置をとる必要がある。それが、善良でない存在から自分を守る方法を修得しておく、ということである。

第九章で紹介した〈ライトキーパーズ遠隔透視／遠隔ヒーリングネットワーク〉の創設者、ベブ・マーコットは、別世界に対して自分を開く前に、次のような自衛策をとることを提案している。

自衛のための方法・その1〈ミニヒーリング〉

1　始める前に、セージを燃やすか香炉に火を点して、周囲の空気からマイナスのエネルギーを取り除く。

2　リラックスした状態で、心のなかで次のように語りかける。

「私は純白の光のマントを身にまといます。それは私の頭のてっぺんから足の先まで、すっぽりと私を覆い守ってくれるマントです。神の純粋な愛の光でできたこのマントが、あらゆることから私を守ってくれます。このマントは肉体的・霊的・精神的・感情的なレベルで害が与えられることのないよう、私をすべての善良でないものから守ってくれます。この光のマントがある限り、自分自身を癒し、ほかの誰かを癒す際に邪魔されることもありません」

3　神または〝聖なる源〟があなたに純白の光、愛の光を注いでいる様子を想像する。その光はあなたの頭のなかに注がれ、肉体に満ちあふれ、あなたの内部にあるすべてのマイナスのエネルギーを外に追い出していく……。

4　この純白の光、愛の光が全身の隅々まで満たし、足の裏からすべてのマイナスのエネルギーが外に出ていく様子を想像する。あなたは白い光で満たされ、あなたから去ったマイナスのエネルギーは地中深くに吸い込まれていく。そのイメージを鮮やかに描き、見つめる。

5　神の純白の光で満たされている自分を、もう一度しっかりと見つめる。

6　もう一度、セージを燃やすか香炉に火を点して、周囲の空気を清める。

これはベブが〈ミニヒーリング〉と呼ぶ短い瞑想で、善良でない存在からあなた自身を守る効果がある。

というのも、この瞑想にはあなたからマイナスのエネルギーを取り除き、別世界への旅であなたが「光のなかを歩む」ことを、明確に意図する作用があるからだ。「光のなかを歩む」と力強く意図することで、善良かつポジティブなあなた自身のエネルギーが、同じように善良かつポジティブなETとの交流だけを呼び寄せるだろう。

また、第十六章で紹介した世界的に有名なヒーラー、ゼーブ・コルマンは自衛策として、〈ブルーシールド〉を使う方法を人々に教えている。これは、彼自身がヒーリングをする際に、周囲に築いている保護層だという。

自衛のための方法・その2〈ブルーシールド〉

1　目を閉じてリラックスした状態で、写真のネガフィルムのように白黒反転で浮かび上がる自分自身の姿を想像する。

2　目を閉じたまま、ホワイト、ブルー、もしくは紫の淡い光が、自分を包み込んでいる様子を心に描く。この保護シールドは肉体ではなく、オーラに添ってあなたを大きく包み込んでいる。

3　目を開いて、肉体の周囲にある、保護シールドの輪郭をたどる。

ゼーブによれば、〈ブルーシールド〉には、他人が放射するマイナス・エネルギーから自分自身を守る効果がある。もちろんそこには、別世界からのマイナス・エネルギーも含まれる。

こうした自衛の方法はほかにもあるが、光を使って自分の肉体、家、愛する人をも包み込むようなタイプがほとんどである。いずれにしても、あなたが瞑想を学んだり、チャネラーやヒーラーのセッションを受けたり、ほかの専門団体のプログラムに参加するようになれば、そこでも自分を守るための指示が色々と与えられるはずである。

＊　＊　＊

それでは次に、〈ETとコンタクトするための段階的取り組み〉の具体的方法について、順を追って簡単に説明しよう。これから紹介する団体はすべて巻末に連絡先を付記したので、より詳しい情報がほしい場合は直接、資料を請求してほしい。

瞑想

ここでは私が使っている二つの瞑想法、〈シルバ・マインド・コントロール〉と〈超越瞑想(TM)〉について、簡単に紹介しよう。ただし、ご存知のように瞑想には、様々なやり方がある。独習用の本も数多く出版されているから、あなたに合った瞑想法を探してほしい。

〈シルバ・マインド・コントロール〉は、全米および世界七十二カ国で教えられているメソッドである。基本となるレッスンは三十二時間の講義と実習訓練のプログラムで、二日間で行われることが多い。それは、自分の心のコントロールを可能にし、意識の変性状態への入り方を教える科学的な訓練プログラムといえるだろう。

このメソッドは約三十年前にホセ・シルバにより考案され、すでに八百万以上の人たちがこのプログラムを修了している。このメソッドの利点は、意識の変性状態に容易に入れる点にある。意識の変性状態において脳波はゆったりするが、眠ることなく深い弛緩、ストレスの緩和、学習の促進、創造性の向上などがもたらされる。それだけでなく、この状態で意識が拡大されると、別世界の存在と交流することも可能になる。

〈超越瞑想（ＴＭ）〉は、何世紀にもわたってヨーガ行者が行い、四十年以上前にマハリシ・マヘーシュ・ヨーギーが広く一般に紹介したメソッドである。アメリカでは、各地にあるマハリシ・ヴェーダ・スクールもしくは、公共施設などで教えられている。

ＴＭは、リラックスした状態で心地よく座って、一日に二回、十五分から二十分ほど行う、単純な瞑想法である。この瞑想により肉体が深くリラックスするにつれ、精神活動が普段のざわめきから遠ざかり、「超越意識」と呼ばれる状態に達する。三十年間、科学者たちが行ってきた調査・研究によると、この瞑想の効果として幸福感の増大、ストレス減少、知能の増大、創造性の増大、記憶力の向上、健康の増進、人間関係の向上、活力の増大、不眠の減少、生物学的若返り、犯罪の減少、社会生活の質向上などが認められたという。

科学的遠隔透視と変性意識状態の専門家であるコートニー・ブラウン博士はＴＭに関して、こう語っている。「世間の人々に〝自らの魂に目覚めなさい〟と話すよりは、〝ＴＭを実践すれば血圧が安定する〟と話すほうが容易である。……私の個人的な観察によれば、ＴＭを実践している人たちには、意識レベルが進化したＥＴにも似た趣きがある」

ＴＭは宗教的な行為ではなく、純粋に科学的な瞑想の技法であり、誰にでも修得しやすいプログラムの一つといえるだろう。私自身も、簡単に深くリラックスできて、天界へ自らを開く素晴らしい方法だと思った。*

＊原注　〈シルバ・マインド・コントロール〉〈超越瞑想（TM）〉＝いずれの実習コースも、参加費用は決して安価とはいえない。しかし私自身は、肉体的健康、精神的柔軟性、意識の長期的な拡大が得られたので、この投資に満足している。

ET関連の領域を専門的に扱っているチャネラー／ヒーラー

第九章で紹介したベブ・マーコットは、ETのサポートを得て、遠距離ヒーリングを行っている遠隔透視者／遠隔ヒーラーの一人である。第十章で紹介したピーター・ファウストは、ETのエネルギーを用いるプロのヒーラーであり、ナンシー・レゲット（第十一章）とイングリッド・パーネル（第十二章）は、ETとのコンタクトを通してヒーリング技術を磨いてきた。第十三章で紹介したデイビッド・ミラーは、ETのヒーリングエネルギーをチャネルすることができる。

これら五人の人々は、天界の源からくるエネルギーを活用して人々を癒すよう〝召された〟と感じているチャネラー／ヒーラーであり、彼らのような人々はいま世界中に、次第に増えてきている。彼らのようなチャネラー／ヒーラーのセッションを希望する場合は、しっかり情報収集して、値段が手頃で、本当に優秀なチャネラー／ヒーラーを見つけよう。

チャネラー／ヒーラーのセッションを一度でも受ければ、あなたは彼らを通して、彼らの関わる天界の存在やETと出会うことになる。それを実際に感じられなかったとしても、別世界の存在と個人的な関係を築く可能性は開けるのだ。

ただし、チャネラー／ヒーラーを選ぶ際には、充分に注意してほしい。残念ながら自称「チャネラー」「ヒーラー」のなかには全くのペテン師もいるし、熟達していない人、能力の乏しい人、人格的に問題がある人も少なくない。それらを慎重に調査し、自分で判断し、必要以上に金をかけないことが重要である。

手間と費用のかかる通訳や仲立ちのサービスに、頼りすぎてはいけない。何より、チャネラー／ヒーラーに頼るのでなく、彼らから、あなたが自分で直接コンタクトするための方法を学ぶことが肝心である。最終的な目標は、あなたが天界の存在たちと直接、交流することにあるのだから。

〈地球外知的生命研究センター〉（ＣＳＥＴＩ）

非営利の国際的な科学的研究・教育団体であるＣＳＥＴＩは、全職員がボランティアで地球外文明とのコンタクトを確立し、広く一般の人々にＥＴの実在を知らせるために活動している。

「宇宙に自分たち以外の知的生命体が実在する――という事実に人類が慣れ、必要な研究・観察が双方の側で行われるよう、ある計画が進行中である。まだ限定的ではあるが、次第に広く深くコンタクトが進行し、近い将来、人類の側から彼らにコンタクトする機会があるだろう」

ＣＳＥＴＩはこのような見解を発表し、数々のプロジェクトを通してＥＴと人間の通信・交流を促進しようと試みている。例えば、彼らの「CSETI緊急派遣調査チーム」は、世界中のET活動の報告に対応するプロジェクトであり、また「第五種接近遭遇起動計画」(CE-5initiative)はETとのコンタクトをはかるため、現在進行中の長期的プロジェクトである。*

＊原注＝CSETIでは至近距離からのUFOの目撃を「第一種接近遭遇」と定義している。焦げた草や放射能を含む土など、UFOに由来する物理的証拠の目撃は「第二種接近遭遇」、UFOの内部または至近距離からのETの目撃は「第三種接近遭遇」、ETによる〝誘拐事件〟は「第四種接近遭遇」。そして、「第五種接近遭遇」と定義されているのは、ETと人類の合意に基づいたコンタクトである。

「第五種接近遭遇起動計画」は多分野にまたがる取り組みであり、人間とETとのコンタクトを容易にするため、意識に関わるテクノロジーを組み合わせた特別な計画も含まれている。この起動計画に当たって多くの作業グループが各地で定期的に会合を開いているほか、CSETIはセミナーを開いて、一般の人々の参加を呼びかけている。南フロリダで最近開かれた研修会では、コンタクトを開始するための技術、コンタクト体験の解釈、コンタクトの記憶を保持する方法などの情報提供と、実際に野外でコンタクトを試みる夜の集まりなどがあった。

〈モンロー研究所〉（The Monroe Institute／以下TMIと表記）

この非営利の研究・教育団体は、心理学者、精神科医、医者、生化学者、電気技師、物理学者とともに人間の意識の探求を行っていたロバート・A・モンローによって、一九五六年に設立された。TMIではモンローが発明した〈ヘミ・シンク〉（脳の両半球を同調させる音声テクノロジー・システム）その他の家庭学習プログラムも提供して、人々が高度に生産的な変性意識状態に到達できるよう、その修得をサポートしている。

数年前、私は潜在意識にアクセスして執筆用のアイデアを得ようと、〈ヘミ・シンク〉を活用したことがある。当時の私は瞑想を試みたことすらなかったというのに、暗い部屋でヘッドフォンを付けてベッドに横たわっているだけで、あっという間に変性意識状態に入っていた。そのとき私は何の努力もせず、ただ奇妙な不協和音に耳を傾けていただけだった。……にもかかわらず、私は短い夢でも見ているように、心の奥深くに埋もれていた子ども時代の記憶を鮮やかに思い出していた。

私の個人生活と執筆に関して、探求していたテーマに関係するビジョンも見えた。このとき私は未来の可能性を、映画のカットシーンのように、数年後の「私」の異なるバージョンとして見ることすらできたのだ。

それは私にとって、洞察力と同時に意識の拡大をもたらす驚異的な体験だった。一連のビジョンのなかで私は、自分自身と自分の人生を客観的に眺めることさえ可能だったからだ。私はこのとき自動的に、私たちが住む時間／空間の連続体を超えた心の状態に運ばれていた。多くの恐怖が一掃され、自分を限定していた枠組みを超え、はるかに広大で霊的な現実を認識し始めたのである。

ＴＭＩでは様々な応用分野に利用できる特別のテープを多数用意し、〈ヘミ・シンク〉を瞑想効果だけでなく、心身の健康から別次元へのアプローチまで、広範な目的のために活用している。

〈遠隔透視協会〉（The Farsight Institute）

科学的遠隔透視（ＳＲＶ）の専門訓練は、サイキック能力をスパイ活動に活用する目的で、もともとアメリカ軍部により開発された。現在は、この技能を開発したいと思うなら、誰でも〈遠隔透視協会〉で、ＳＲＶ訓練を受けることができる。

ＳＲＶは霊媒による透視とは違い、厳格な訓練によって透視能力を信頼できるレベルに高めたうえで行われる。訓練を受けた遠隔透視者であれば、データを収集するために時間の制約を超え、過去または未来に〝旅〟をすることも可能だという。

ＳＲＶは常に場所・出来事・人々など、特定のターゲットに焦点を合わせて行われ、すでに十年以上にわたって、惑星やほかの領域を含む地球外のポイントも観察されている。また、遠隔透視の最中に目撃、あるいは向こうからコンタクトしてきたＥＴに関する報告も、透視者たちによって数多く提供されている。

軍事スパイ的な遠隔透視とは異なり、〈遠隔透視協会〉で教えられているＳＲＶは、透視者とターゲット間の、テレパシーによる双方向的通信も可能である。よって、SRVはETとのコンタクトおよび、科学的な通信手段を提供するものでもあるのだ。

〈遠隔透視協会〉の所長であるコートニー・ブラウン博士によれば、遠隔透視者たちはつい最近まで絶えず「妨害され」、進行中の誘拐事件を透視することはできなかった。これについてブラウン博士は、「ETの活動に私たちが干渉するのを防ぐためか、あるいはETたちが充分に準備できていない事柄から私たちを保護するために、ETが遠隔透視者に制限を加えていたのではないか」と推測している。

なお、〈遠隔透視協会〉のほかに、SRVやテレパシー通信のような超常的技能の訓練が受けられる団体として、〈超次元システム〉(TransDimensional Systems) も挙げられる。

＊　＊　＊

この章では、天界や地球外の存在との関係を結ぶためにできる方法を、いくつか紹介した。何をどのように、いつから始めるか——、それを決めるのは、あなたである。

未知の現実、天界の存在に心を開くとき、同時に、別世界へのドアも開かれることになる。〝聖なる源〟に祈りを捧げたことのある人なら誰でも知っているように、それ自体がきっと、あなたの心身を癒す、ヒーリング体験となることだろう。

第五部　いま、何が起こっているのか？

「私は、主がなされたかもしれないことを、自分勝手に限定するつもりはない。それは神と呼ばれる存在がいて、その存在が無限の叡智、自由そして力そのものであると、まさに私が神学的に信じているからだ」

——シオドア・M・ヘスバーグ神父

第十九章　すべてを大局的に見ると……

第二章でジョン・ハンター・グレイは、二回の遭遇体験の際に息子と体験した「おおまかな医学的検査」について語っている。いっぽう第三章のメアリー・カーフットは、マスコミで報道されているような〝誘拐事件〟による医学的検査も知らずに、ただヒーリングだけを体験している。いずれにしても、本書に登場する人々は誰一人として、ETによる医学的介入に対しては、不満をもっていなかった。ETたちの目的はほとんど理解できないにもかかわらず、それでも彼らは自分にもたらされた〝ギフト〟に深く感謝していたのである。

特定のUFO研究者によって公表され、マスコミで報道されることの多い標準的な〝誘拐事件〟は、そのほとんどが大変なトラウマがもたらされる筋書きになっている。気味の悪い生物が人間を手術台に固定し、恐ろしい器具を使って調べ上げ、通常は直腸の検査や精子・卵子の摘出が行われる。こうした体験が多数報告されている以上、それは確かに、遭遇現象の一側面といえるだろう。しかし、それは決して〝すべて〟ではないのだ。

不幸なことに、遭遇体験のネガティブな一側面だけが圧倒的多数の関心を引きつけ、これまでETと人間の交流のほかの側面のほとんどは、無視されてきた。誰も、起こっていることの全容を理解しようとしてこなかったのである。

第十五章でバーバラ・ラムは、こう語っている。ETたちによる医学的検査は、遭遇体験のなかでも最もトラウマを引き起こし、それゆえ最も思い出しやすい部分なのだと。彼女にいわせれば、それは体験者にとって、唯一思い出せる場面かもしれないのだ。

しかし、実際の遭遇体験においては、はるかに多くのことが起こっている。多少のトラウマを残したとしても、結果的に体験者を啓発し、癒し、目覚めを促すような遭遇体験もまた、実は膨大に報告されているのだ。

私にはかつて、赤ん坊から幼児になろうとしていた息子を、定期的に健康診断へ連れて行っていた時期がある。そのたびに、幼い息子は医者を見つけては、泣き叫んだものだ。私たち大人が医者、その他の医療専門家を恐れないのは、彼らとの交流の目的を理解し、その必要性を認めているからだろう。だから大人は検査や治療に付随する不快感を、受け入れることができる。

いっぽう赤ん坊や幼児は医者を「医者」として認識していないし、予防注射も含めて、定期検査の必要性を理解していない。そもそも相手が誰なのか、そして自分は何をされるのか、それが何のためなのか、全部わからないから怖くてたまらないのだ。

同じように、何をされるのか、それが何のためなのか、ちっともわからないET体験は、確かに私たちに恐怖を与え、トラウマの原因にもなり得るものだろう。まして、相手は見たこともない生物である。第四章でコニー・イゼールが指摘しているように、相手が人間の医者であっても不快なのだから、見知らぬ奇妙な生物であれば、なおさら不快に感じるのも当然なのだ。

息子は幼い頃、靴屋でもめちゃくちゃに泣き叫んでいた。彼は自分を椅子に座らせ、足をいじくりまわす靴屋の店員が怖くて仕方なかったらしい。しかし息子が三歳になったとき、「靴屋さんごっこ」という遊びを思いついて、店員の真似を始めた。彼はついに、足に合った靴を探す、靴屋の仕事を理解した。そしてそれからは靴の新調を喜ぶようになり、靴屋の店員と仲良しにさえ、なったのだった。

あなたも、ここまで読んできた体験者たちの報告によって、ETたちの〝仕事〟が多少なりとも理解できた気がしないだろうか？　ETたちの謎めいた訪問は、決して私たちへの「攻撃」ではない。ジョン・ハンター・グレイが信じているように、彼らは医学的知識と技術の点で遅れている地球文明に、最大の関心をもたらす〝ヒント〟をプレゼントしているのかもしれないのだ。だから現代医療の側がその気になれば、ETの医療技術について、体験者たちの事例から学ぶこともできるだろう。ロサンゼルス地区で開業している救急治療室担当医、ジョン・G・ミラーは医学的トラウマを扱う医師として、催眠を用いずに長年「ETによる誘拐事件」を調査してきた。そのうえで、医師としてミラーは、こんな感想を抱いているという。

「エイリアンによって検査・医学的処置を受けたという事例から、私は一貫した印象を受けています。それは、確かに私たち人間が行う医療ではない、ということです。こうした報告に見られるエイリアンの処置には、私たちとは大きく隔たった技術がある。その相違は、事例報告の信憑性への疑いを無効にできるほど、大きなものです」

もちろん、ETたちが何の目的で私たちに検査や医学的処置を施しているのか、本当のところは誰にもわからない。それでも、体験者たちに報告された「ETによる癒し」の事例から、学ぶことはできる。現代医療で治療できない病気を天界の存在たちがどのように癒すのか、考察を始めることはできると思うのだ。

外傷や手術後に、どう回復を速めるのか？　風邪やインフルエンザに対して、どのように免疫力を高めるのか？　どうしたら一晩でガン細胞を消滅させられるのか？　もしETたちが知っているのなら、もうそろそろ苦情をいうのでなく、彼らが医学分野で達成していることを私たちは学び始めるべきではないだろうか？

本書で紹介してきた事例から明らかなように、現在の人類にとって「ETによるヒーリング」の実態は、まるで奇跡のように見える。医学知識と技術の面で、確かに彼らは私たちの何光年も先を行っているのだろう。しかし私たちは、彼らに追いつくためのサポートを、彼ら自身から受け取ることができる。すでに彼らは、それを試みているのではないだろうか——。

ヒーリングはどのように起こるのか？

それにしても、どうして彼らには、このような驚くべきヒーリングが可能なのだろう？　様々な「ETによるヒーリング」の事例には、私たち一人ひとりが自分を癒す際に役立つヒントもあるのだろうか？

ヒーリングは、人によって様々に異なる、極めて個人的なプロセスから起こる。ある人に必要な栄養をもたらすレア・ステーキが別の人にとって毒になる場合もあれば、「絶対に効くから」と叔母さんに勧められて飲んだリンゴ酢とビタミンCで、風邪が良くなるどころか、気分が悪くなる人もいるだろう。

いっぽうで、最新の医学研究では、あらゆる病気が心身相関病であることが明らかになりつつある。つまり、私たちは誰でも、様々な要因をきっかけとして、心―肉体―霊魂の複合体において作動し始める〝自然治癒力〟をもっている。それこそ、私たちのなかに先天的に備わった、極めて優秀な治癒システム――先天的ヒーリングシステム――なのだ。

インスピレーションに満ちた著書『驚異の回復』のなかで、共著者であるキャリル・ハーシュバーグとマーク・イアン・バラシュは、「治療するUFO」と私たちに備わった治癒システムの関連性について探求し、次のように考察している。

「……このようなヒーリングは証拠に欠けると、一般には考えられている。現代医学では説明がつかないため、同僚からの批判を恐れて、〝自然治癒〟が医学文献に報告されないことも多い。患者の生命を脅かしていた手術不能の末期ガンが、なぜ突然、次の日に消え去っているという事態があり得るのか？　こうした事例は、医師たちを不安に落とし入れる。なぜなら彼らは、患者が治った理由を説明できないからである」

こうした数々の〝奇跡的治癒〟の事例を調査し、一般に不治の病といわれる様々な病気から自然に回復した人たちの話を聞くうちに、ハーシュバーグとバラシュは気づく。

「末期ガンのような病気が、あっけなく肉体から消滅する驚異的な回復例、〝奇跡的治癒〟の研究を扱う医学雑誌は存在しない。再現不可能な事例、つまり異常な電気信号がレーダーから消えるように悪性腫瘍がCTスキャンから消える事例について解説する、医学部の講座は存在しない。たいていの病気に関してなら、個々に研究に当たる機関、治療の有効性を追跡する全国的なネットワークが存在するが、説明のつかない治癒を追跡する全国的な記録は存在しない。なぜ治ったのか――はもちろんのこと、それがどのくらい頻繁に、どんな病気において、どんな人たちに起こっているのか――も知られていない。驚異的な回復例は、あまりにも見世物的でとらえがたく、いかがわしいので、その意味を追求することはおろか、わざわざ事例を探そうとする研究者すらほとんどいないのだ」

二人はこの本で、感情・信念・夢と意識の変性状態・自己催眠・心の解離状態・愛情と人間関係・イメージの視覚化・芸術的かつ創造的追求・バイオフィードバック（生体自己コントロール）・栄養摂取・未知のエネルギー効果などを組み合わせ、私たちに先天的に備わった治癒システムを刺激することで、不治の病であっても自然治癒が起こる可能性があると推察している。たぶん天界からのヒーリングは、未知のエネルギー効果をきっかけとした驚異的回復の分類に入るのだろう。天界からのヒーリングは、「治療するＵＦＯ」がもたらすものだから。

彼らはトラウマに誘発されたトランス状態でさえ、免疫力を高める可能性があるという。ここには当然、向こう側——ほかの惑星、ほかの次元——での遭遇体験も含まれる。

「驚異的な回復例においては、ヒーリングの儀式における重要部分のようなプロセス、つまり変性意識状態、感情の高揚などが見られたという話を聞くことが多い」

そして、驚異的な回復を体験した本人は、肉体面だけでなく精神面、感情面、霊的側面、社会的側面においても変貌を遂げることになる。治癒システムがめざましく働き始めるとき、世界観が劇的に変化して、一言でいうと、「人が変わって」しまう。つまり、ETによるヒーリングであろうとなかろうと、驚異的な回復例にはこのような共通項があるのだ。

もし人が、別世界の存在との遭遇を体験したと信じるなら、それが「本当」であろうがなかろうが、本人の心―肉体―霊魂にとっては、自らの治癒システムを活性化するきっかけになるだろう。このとき、全身の細胞が変化して、癒しが起こる。そして意識が拡大した結果、体験者は心―肉体―霊魂のあらゆる面において、変貌を遂げることになるのだ。

なぜ癒される人と、癒されない人がいるのか?

もちろん、ETとの遭遇を体験した人のすべてが、ずっと幸福で健康だというわけではない。ほとんどの人は私たちと同様、病気にもなる。またやがては、ガンや心臓病、自動車事故といった、ほかの人と変わらない原因で亡くなっていく。

逆に、ETとの遭遇体験者はその後、何らかの過敏症に苦しむようになるケースも多い。たとえば光・音・湿度・アルコール・カフェイン・薬物・一定の食べ物・化学物質などの環境条件に対して過敏症を発症し、なかには「全身性過敏症」と呼ばれる症状を報告する人もいる。アレルギーが現れるようになり、慢性のはっきりしない症状に苦しむ人もいれば、なぜか肉体が電気機能に対して妨害を与えるようになり、テレビ・腕時計・置時計・電気スタンド・街灯・コンピューターや車の機能障害を引き起こす「電気過敏症候群」を報告する人もいる。

これはETとの遭遇体験者が、電磁場への感受性を増大する傾向があるせいだといわれている。*また、遭遇体験が神経組織を再プログラムしたため、周囲の環境に敏感になり、別の現実、別の次元、別の世界に対して、より開かれた状態になっているのかもしれない。

＊原注　電磁場への感受性＝脳の側頭葉は電磁エネルギーの変換器として活動し、電気的撹乱《かくらん》に非常に敏感である。よって、磁場により脳のこの領域が刺激されると、体外遊離その他の、サイキックで神秘的な体験が生じる可能性も出てくる。

それでは、なぜ天界の存在たちは、彼らがコンタクトした人々をこういった症状から救わないのだろうか？　なぜある体験者は関節炎や糖尿病で苦しみ続け、いっぽうの体験者は一晩のうちに癒される……ということが起こるのだろうか？

これらの疑問に対する答えは、得られていない。それはもしかすると、私たち一人ひとりの魂がもっている運命と関係があるのかもしれないし、単なる偶然の結果かもしれない。私たちの人生の多くの事柄と同じように、理由はわからないままなのだ。

個人的にいわせてもらえば、こう考えてもいいように思う。私たち一人ひとりの運命はその細部まで、天界の存在たちにも左右できない、神の計画の一部なのかもしれない……と。だとしたら、私たちにできることはただ一つ。自らを癒し、できれば他者さえも癒せるよう、そうした可能性に対して、精一杯自分を開いておくことしかないのだろう。

「恐怖」という障害

私がヒーリングを含むET体験を探求するようになって、数か月後のある晩のことだった。その日は二歳になったばかりの息子が初めて風邪をひき、深夜の十二時になってもグズグズと眠らずにいた。私は熱があって呼吸の苦しそうな息子を胸に抱き、居間のソファに座って瞑想を始めた。すると息子はリラックスしたのか、すぐに眠り込んでしまった。

私も瞑想でリラックスしたが、目は完全に覚めていた。私がこのとき考えていたのは、「ETと遭遇できたら、どんなにワクワクするだろう!」ということだった。この時点で、私はET現象に関して恐怖を感じていなかった。なぜなら、私はナンシー・レゲットやデイビッド・ミラーのおかげで、ささやかで間接的な体験をした程度で、少なくともそれらはとても楽しくポジティブなものだったからだ。

——すると突然、ブーンブーンと唸るような音が部屋を満たし、ラジオが鳴っているような音が聞こえてきた。それは奇妙な音で、まるで一九六〇年代のトランジスタラジオに、プラスチック製のちゃちなイヤホンを差し込んだかのようだった。子どもの頃に聞いた懐かしい音楽がかかっているのに、周波数がうまく同調しなくて聞こえない……、そんな気もした。

私は息子を抱きしめながら、「ワクワクするわ」と心のなかで叫んだ。「さあ、行きましょう！」私には、何かが起こりつつあることがわかったのだ。

すると、まるでソファごと窓の外に引き上げられ、一瞬にして涼しい屋外にいるような感じがした。私は息子を胸に抱いたまま、ものすごい速さで移動して、星をちりばめた夜空に吸い上げられていった。夜風が爽やかで、不思議なくらい静かだった。私たちを取り囲む星々はとても明るく、普段見ているフロリダの夜空より、星がたくさん見えるようだ……。私は興奮して、息子をしっかり抱きしめた。

突然、息子も夜空を眺めているような気がした。私には、彼が美しい星々を見つめて微笑む表情さえ見えた。しかしいっぽうで、息子の温かい額はまだ私の胸に押し当てられているのだ！

「どうして、こんなことがあり得るのだろうか？」

そう考えた瞬間、頭のなかで何かがプツンと切られたようになって、私たちは居間のソファに戻っていた。息子はさっきまでと同じように、私の胸のなかで安らかに眠っていた。私はガッカリした。遠くの目的地に到着しないうちに、戻されてしまったような気分だったのだ。

……よく眠っている息子をベッドに寝かせ、夫の隣に横になったとき、彼に「もう四時だよ」といわれて驚いた。私たちはソファで四時間も過ごしたのだろうか？　それとも私と息子は、思ったより長時間〝向こう側〟に行っていたのだろうか？　しかし私には夜空を駆けた記憶しかなく、息子はこのときのことについて、何も語らない。

ただ、後になって息子は私に、こんな話を聞かせてくれた。彼は時々、夜に「知識の都市《シティ・オブ・ノリッジ》」と呼ぶ場所を訪れる。そのときは「上に、上に、上に飛んで行く」のだそうだ。最近息子が聞かせてくれた話によると、そこの「先生」は彼に、「目を閉じないで知識の都市へ行く方法」を教えてくれたという。

私も息子のように好奇心に満ちた、恐れを知らない態度で生きられたら良かったのに。実際は、そうではなかった。私も夫も、たびたび悪夢にうなされて目が覚めるようになってしまったのだ。しかも私たちはそのこと自体に驚き、すっかり動揺してしまった。

結局、私たちは玄関に「訪問販売お断り」のステッカーを貼るように、日々、自己防衛の白い光をイメージするようになった。こうして、ブーンブーンと唸る音も、異様な様相をした生物たちのイメージも出現しなくなった。私たちは夜の訪問者たちを追い払い、再び静かな眠りを取り戻したのである。

思えば私は、別の世界に通じるドアを開けるやいなや、あわててバタンと閉めてしまったのだろう。なぜ？　それはやっぱり、恐ろしかったからだ。

ETによる健康プログラム

本書を執筆しようと思い立った当初、私はETたちから、特別な健康生活のためのプログラムを引き出したいと考えていた。食事療法やライフスタイルに関するETたちのアドバイスについて、遭遇体験者たちにインタビューしたいと構想していたのだ。

内容としては、特別なダイエット法、ハーブや栄養補助食品の利用法、運動療法、ストレス減少の具体的方法、何らかのスピリチュアルな要素も入ってくるだろう……などと予想していた。ET遭遇体験者たちに習って、心身を深い部分から変容させ、ライフスタイルを根本的に変える方法を、人々にアドバイスするつもりだった。私はこの「ETによる健康プログラム」を、心とからだ、環境、霊的側面の関連性を意識して二十一世紀を生きるための、ハンドブックのような本にしたいと思い描いていた――。

しかし、私は間違っていた。「ETによる健康プログラム」なんて、存在するはずがなかったのだ。

私たちが成し遂げるべき変容があるとしたら、それは食事療法や呼吸法といった表層ではなく、はるかに単純で、そして複雑な本質に関わるものだ。私が話を聞かせてもらったETとの遭遇体験者たち、天界に関わるヒーラー、天界の存在に癒された人々によれば、それは次のようなことだ。

もし、癒されることを望むなら。私たち自身の生命を救い、地球の未来をも救いたいと望むなら。それが実現できるように、私たちの進化の歩みを進めたいと望むなら。以下のことをする必要がある。

1　死、死後の生、別の世界を含む、未知なるものを恐れることをやめる。
2　意識を拡大して、あらゆる生命が一つであることを見つめる。
3　自分自身、お互い、この惑星、宇宙を愛する。

もちろん、私は天界に関わるヒーラーたちに、食事療法やライフスタイルについて具体的なアドバイスも求めた。しかし誰に尋ねても、答えはいつも「それについては心配しないように」というものだった。

「人々は、バイブレーションが高まるにつれて、自然に食べるものも生き方も変わっていく。一定の食べ物に引きつけられ、直感的に何を食べるべきかわかるようになるし、バランスの取れた生き方ができるようになる。これは意識が進化するにつれて、自然と起こってくることなのよ」

こう付け加えてくれたのは、ナンシー・レゲットである。

つまり、私たちは肉体、病気、苦痛、そして死に対して、恐怖にフォーカスすることも、絶えず心配することも、やめるべきなのだ。これこそ、幸福と進化への旅路において、食事内容を変えたり有機農産物を買ったりすることより、はるかに大切なステップなのだろう。

肉体としての自己を超越するなかに、変容は生じる——。これは実際、地球外の訪問者たちが私たちに伝えようしている、メッセージの一つでもあるのだ。

私たちは、何をすべきなのか？

それでは私たちは、何をすべきなのか？　具体的に、どんなライフスタイルで生きればいいのだろう？　私が「ETによる健康プログラム」に代えて、本書で提案したいと思うのは、次のことだ。私とともに、以下の実行に取り組んでいただけたら幸いである。

◎瞑想や祈りによって不安・心配・恐怖を一掃して、日々、心を浄化する。
◎できるだけ生活を簡素にして、物質面への依存を減らし、霊的な生活にもっと焦点を当てる。
◎物質的な願望をあまり貯め込まないようにして、もっと他人に奉仕する時間をつくる。
◎無数の知的生命体に満ちあふれている多次元・多元的宇宙——様々な可能性そのもの——に、自分自身を開く。
◎恐怖を一つひとつ、愛に置き換えていく。

こうした心構えで生きることは、宇宙意識への進化の旅路に、最初の一歩を踏み出すに等しいといえるだろう。

別世界の存在たちは、宇宙的な道程において、私たちより少し先を行っている。そして時々、別の惑星、別の次元、別の領域からひょっこり現れて、私たちにサポートやアドバイスを与えてくれているのだ。すでに遭遇体験者のなかには、そんな彼らの言葉に耳を傾け始めている人々がいる。彼らに癒された人もいれば、他者を癒し始めた人もいる。

この本を読んでいるあなたも今、「向こう側」からの言葉に、耳を傾ける準備ができたのではないだろうか。準備さえできれば、進化した世界から、次なる導きがやってくるかもしれない。天界からのヒーリング——それは私たちの注意を引く、なんて途方もないやり方だろう！

今、私たち全員が恐怖を乗り越え、勇気をもって進もうとしている。私たちは魂の癒しと、宇宙意識、今よりももっと進化した物の見方に向かって、歩き始めているのだ。

私は本書を執筆するプロセスにおいて多くの体験者に出会い、いつしか世界観を変えていた。私たちが住んでいるこの世界の向こう側に、広大で途方もない未知の世界が広がっていることを知り、物の見方が劇的に変わってしまったのだ。

シャーマニズムその他の原始的儀式について、その効果を研究しているハーバード大学の民族生物学者であるマーク・プロトキン博士は、次のような知恵を伝えている。「世界を変えようと決意している、少数の一団と運命をともにすることを恐れてはいけない。それは変化を起こす、唯一の方法なのだから……」と。
私はもう、これ以上、恐れたくない。――あなたは、どうだろう?

付録――自分がET遭遇体験者かどうか知る方法

次に挙げるのは、ETとの接近遭遇体験に関する、最も一般的な指標のリストである。あなた自身に忘れてしまった(あるいは意識化されていない)ET体験があるかどうか、自己判断を下すために、このリストを活用してほしい。これらの指標に対して四つ以上の「イエス」があれば、体験者である可能性は高いといえるだろう。なかには、たった一つでも「イエス」があれば潜在的な可能性がある、と主張している研究者もいる。

リストの質問に対しては、ただ記憶を辿るのでなく、直感を使って心の奥深くを見つめながら「イエス」「ノー」で答えていくことをお勧めする。

ETとの遭遇体験が考えられる一般的な指標

1 心身に関する医学的な病気、何らかの症状、苦痛などが、説明できないプロセスを経て治癒したことがある。この治癒は奇妙な夢、思い出せない奇妙な体験など、ぼんやりした記憶とも関連があるような気がする。

2 自分の肉体に、説明のつかない痕跡を見つけたことがある。それは「皮膚組織がえぐられたような痕跡（ただし、すぐ治る）」、「出血しない直線的な切り傷」、「針を刺したような刺し傷、やけど跡（三角形や円形のような形を伴っていることもある）」といった〝印〟の数々である。

3 次に挙げるような、説明のつかない心身の状態に気づいたことがある。「鼻血」、「耳鳴り」、「体温の低下を伴う新陳代謝の低下」、「活力が増大して必要な睡眠時間が減少する」、「アルコール・カフェイン・砂糖・肉またはその他の食品に対して突然、強い嫌悪感が生じる」、「頭髪が突然、減少もしくは増加する」、「免疫力が高まり、風邪やインフルエンザにかかりにくくなる」、「化学物質に対するアレルギー性反応、化学物質過敏症の出現」、「慢性疲労症候群」、「線維《せんい》筋痛《きん》＊」。

＊**原注**　**「慢性疲労症候群」「線維筋痛」**＝体験者の中には、ETとの遭遇に関係があると彼らが信じている化学物質過敏症を報告する者もいる。そして、まだ証明されていないけれども、〝誘拐事件〟の前歴と二つの自己免疫障害、「慢性疲労症候群」および「線維筋痛」との間にはつながりがあると主張する研究者もいる。

〈警告〉もしあなたに「慢性疲労症候群」または「線維筋痛」の症状があるからといって、それはすなわち、あなたがET体験者であるという意味ではない。いずれの症状も単なる指標にすぎないことをお忘れなく。

4 原因不明の睡眠障害を体験したことがある。理由もなく毎晩同じ時刻（例えば午前三時～三時半といった時間）に目が覚めることがある。一晩中起きていたいという強い欲求を感じ、自分の健康・仕事に差し障りがあっても、そうしてしまうことがある。

5 執拗な悪夢、もしくはUFO、ET、気味の悪い怪物、人間ではない奇妙な存在が登場する夢を見たことがある。あまりにも鮮明で、それが夢ではないように感じることがある。眠っているつもりではないのに、こうした白昼夢を見たことがある。

6 方向感覚の喪失を伴うジンジンする感じ、しびれ、眩暈、重苦しさ、一時的麻痺といった、肉体の異常感覚に気づいたことがある。それらの異常は医師の診察を受けても、原因不明といわれた。

7 失われた時間——数時間から何日間にもわたる、記憶のない時間——があり、その間何をしていたか、説明できないことがあった。それは散歩中、もしくはドライブの途中、室内にいるときなど、ごく当たり前の日常のなかで起こっている。

8 UFO／ET関連の内容を扱う書物、映画、物体、写真などを見た後で、なぜか強い不安感、恐怖に襲われたことがある。

9 合理的な説明のつかない恐怖症がある。例えば、一人でいること、一人でドライブすることへの恐怖。もしくは特定の場所へ車を走らせることの恐怖。明るい照明、ピカピカ光る床がある病院、空港、公共施設への強い嫌悪感。落下、飛行、眠ることへの恐怖。「見張られ、連れ去られる」と思えてならない恐怖。フクロウのような大きな目をした生物への恐怖。小さな子どもや赤ん坊への嫌悪感。そのほかの説明のつかない恐怖症など。

10 とりつかれたように、本、映画、講演など、UFO／ET関連の情報に熱中したことがある。

11 UFOを目撃したことがある。*

＊原注 UFO目撃＝UFO研究家のリチャード・J・ボイラン博士は、「多くの事例調査の経験から、UFOの四百メートル以内に接近したことがある人は誰でも（本人が覚えていようといまいと）、ETとの接近遭遇を体験した可能性が高い」と主張している。

12 なぜかどうしようもなくボディーワーク、エネルギーバランス調整、ハンドヒーリング、深部組織マッサージ、心霊的カウンセリングといった型破りな職業に惹かれ、これまでの自分の仕事に対して興味を失いつつある。

13 新しいサイキック能力を得たか、もしくは今までもっていた能力が増大しているような気がする。これらのサイキック能力には、予知、予知夢、透視、テレパシー、透聴、念動などが含まれる。

14 新しい宇宙的・霊的認識を身につけ、人生全般に対して異なった見方をするようになった。この認識は、宇宙にいるのは私たちだけでなく、あらゆる存在が「聖なる創造」の一部としてつながり合っているという信念に基づく。

……これらはあくまで指標にすぎず、どれだけ「イエス」があろうと、必ずしも、あなたがET体験者であるという意味ではない。それは単に診断の難しい病気、ET以外の原因により生じた恐怖症、もしくは性格上の問題、ちょっとした奇癖にすぎないかもしれないからだ。

ただし、「イエス」の数に関係なく、自分のET体験の有無を探求したいという強い衝動を感じているならば、あなたが体験者である可能性は高いだろう。バッド・ホプキンズはかつて、コンタクト体験の信憑性を議論する会合で、参加した研究者たちにこう語っている。「私たちはなぜ、この現象に大きな関心を抱き、今日ここに集まったのでしょう？　それは、私たち全員が人生のある時期に、ETとのコンタクトを体験したせいかもしれません。私はその可能性がとても高いと考えています」と。

ところで、あなたは今、自分がETとのコンタクト体験者かもしれないと思っているだろうか？　あるいは、天界からのヒーリングを体験したことがあると信じているのだろうか？　もしそうなら、どうかあなたが一人ぼっちではないことを知ってほしい。いま、世界中でますます多くの人々が目覚めつつある。別世界、別次元からきた存在と交流して「秘密の生活」を送ってきた自分の一部、長い間忘れられていた本当の自己を突然、多くの人々が思い出し始めているのだ。

この気づき、自己発見は、あなたの人生の旅路で最も啓発的な、胸躍る一歩となるだろう。またそれは、今までの人生で最大の癒しを、あなたにもたらすことになるだろう――私はそう、信じている。

＊　＊　＊

さらなる探求を望む読者のために、以下に簡単な参考資料を付記しておいた。特定の情報、具体的支援を得るための参考にしてほしい。

訳者あとがき

本書を読み、その内容の重要性と著者の冷静で公平な執筆態度に心を打たれ、さっそく著者の許可を取り、翻訳するに至りました。

出版社が見つからずに困っていた折、本書の内容を理解してくださり、日本語版の出版を快諾してくださったたま出版の韮澤潤一郎氏には本当に心からお礼を申し上げます。また、本書の編集を担当され、校正から、参考文献の日本語版の書名や関連団体のホームページのアドレスの調査までしてくださった編集部の高橋清貴氏にも心からお礼を申し上げます。さらに、私の訳文をさらに読みやすくなるよう大胆にリライトしてくださった津賀由紀子さんにも、心よりお礼を申し上げます。

本書が地球の人類の運命にかかわるＥＴ問題に一石を投じることができれば幸いです。

of Medicine（癒しの言葉：祈りの力と医療行為）New York: Harper San Francisco, 1993.
同著者, *Prayer Is Good Medicine: How to Reap the Healing Benefits of Prayer*（祈りこそ良薬：祈りにより癒しの恩恵を得る方法）New York: Harper San Francisco, 1996.
Fiore, Edith, *Encounters: A Psychologist Reveals Case Studies of Abductions by Extraterrestrials*（遭遇：心理学者が公表するETによる誘拐事件の事例研究）New York: Doubleday, 1989.
Fuller, John G., *Incident at Exeter and the Interrupted Journey*（エクセターでの出来事と中断された旅）New York: Fine Communications, 1966.
Goldberg, Bruce, *Time Travelers from Our Future: Explanation of Alien Abductions*（我々の未来からのタイムトラベラー：エイリアンによる誘拐事件の解釈）St. Paul, MN: Llewellyn Publications, 1998.
Good, Timothy, *Above Top Secret: The Worldwide UFO Coverup*（極秘事項：世界的なUFO隠蔽工作）New York, William Morrow & Co., 1988.
同著者, *Alien Contact, Top-Secret UFO Files Revealed*（エイリアンコンタクト：暴露されたUFO極秘ファイル）New York, William Morrow & Co., 1993.
Haines, Richard F., *CE-5: The Chronicle of Human-Initiated Contact*（第五種接近遭遇：人類の側から始められた遭遇の記録）Naperville, IL: Sourcebooks, Inc., 1998.
Hirshberg, Caryle and Marc Ian Barasch, *Remarkable Recovery: What Extraordinary Healings Tell Us about Getting Well and Staying Well*（驚異の回復：驚くべきヒーリングが健康の保持について私たちに語ること）New York: Riverhead Books, 1995.
Holzer, Hans, *The Secret of Healing*（ヒーリングの秘密）Hillsboro, OR: Beyond Words Publishing, Inc., 1996.
Huyghe, Patrick, *The Field Guide to Extraterrestrials*（ETの実地調査ガイド）New York: Avon Books, 1996.
Imbrogno, Phillip and Marianne Horrigan, *Contact of the Fifth Kind*（第五種コンタクト）St. Paul, MN: Llewellyn Publications, 1997.
Jacobs, David, *Secret Life: Firsthand Documented Accounts of UFO Abductions*（隠された生：UFO誘拐事件の直接体験の記録）New York: Simon and Schuster, 1992.
Jho, Zoev, *ET 101: The Cosmic Instruction Manual to Planetary*

参考文献

Becker, Robert O., *The Body Electric*（電気的な体）New York: William Morrow & Co., 1985.

Bennett, Virginia, *A UFO Primer*（UFO入門）Berkeley, CA: Regent Press, 1993.

Bloecher, Ted, Aphrodite Clamar, and Budd Hopkins, *Final Report on the Psychological Testing of UFO "Abductees"*（UFO〈被誘拐者〉の心理テストに関する最終報告書）Mt. Rainier, MD: Fund for UFO Research, Inc., 1985.

Blum, Howard, *Out There*（『アウト・ゼア』南山宏訳、読売新聞社刊）New York: Simon and Schuster, 1990.

Boylan, Richard, *Close Extraterrestrial Encounters: Positive Experiences with Mysterious Visitors*（ETとの接近遭遇：不思議な訪問者たちとの有益な体験）Mill Spring, NC: Wild Flower Press, 1994.

Brennan, Barbara, *Hands of Light*（『光の手』三村寛子・加納眞士訳、河出書房新社刊）New York: Bantam Books, 1987.

同著者, *Light Emerging*（『癒しの光』王由衣訳、河出書房新社刊）New York: Bantam Books, 1993.

Brown, Courtney, *Cosmic Voyage*（『コズミック・ヴォエージ』南山宏監修、ケイ・ミズモリ訳、徳間書店刊）New York: Penguin Books USA, 1996.

Bryan, C. D. B, *Close Encounters of the Fourth Kind*（第四種接近遭遇）New York: Penguin Books USA, 1995.

Bullard, Thomas E., *Comparative Analysis of UFO Abduction Reports and Catalog of Abductions*（UFO誘拐事件報告書および誘拐事件目録の比較分析）Mt. Rainier, MD: Fund for UFO Research, Inc., 1987.

Chopra, Deepak, *Quantum Healing*（『クォンタム・ヒーリング』上野圭一監訳、秘田涼子訳、春秋社）New York: Bantam Books, 1989.

Dennett, Preston. *One in Forty: The UFO Epidemic*（四十人の一人：UFOブーム）Commack, NY: Kroshka Books, 1996.

同著者, *UFO Healings: True Accounts of People Healed by Extraterrestrials*（UFOヒーリング：ETから治療を受けた人たちの実話）Mill Spring, NC: Wild Flower Press, 1996.

Dossey, Larry, *Healing Words: The Power of Prayer and the Practice*

Belmont, MA；(617) 484-HEAL
［第11章］ナンシー・レゲット (Nancy Leggett)
9363 Fontainbleu Boulevard, #226H, Miami, FL 33172；(305) 220-6819.
［第12章］イングリッド・パーネル (Ingrid Parnell)
InGrace (イングレイス), 11065 S. W. 70th Terrace, Miami, FL 33173
［第13章］デイビッド・ミラー (David Miller)
P. O. Box 4074, Prescott, AZ 86302；(520) 776-1717.
E-mail：Zoloft@cybertrails.com
http:// cybertrails.net/groupofforty

連絡先＝2130 Fillmore Street, #201, San Francisco, CA94115；(415) 567-2190.
E-mail: starborn@sirius.com
※ http://universal-vision.com/ (日本語版は http://universal-vision.com/Japanese/index.html)

9．〈共有ネットワーク〉(Communion Network＝CN)：この団体は、『コミュニオン』(*Commmunion*) その他、ET とのコンタクトに関する多くの著作があるホイットニー・ストリーバーにより設立された、遭遇体験に関する情報センターである。ストリーバーは全米で頻繁に彼自身の遭遇体験について講演し、移植物やビデオにとられた UFO 目撃など、最新の研究を報告している。彼は、人間と ET とのコンタクトに関する膨大なデータベースを作成し、世界中の人々に E メールでの体験報告を呼びかけている。
連絡先＝5928 Broadway, San Antonio, TX 78209
E-mail: Whitley@Strieber.com
Web site: http://www.strieber.com
※ http://unknowncountry.com

10.〈バーバラ・ブレナンヒーリング学院〉(The Barbara Brennan School of Healing)：第10章で ET エネルギー・ヒーラーのピーター・ファウストが話しているように、この学院はエネルギー・ヒーリング施術者にとって、最高の教育施設の一つである。
連絡先＝P. O. Box 2005, East Hampton, NY 11937; 0-700-HEALERS.
※ http://barbarabrennan.com/

11.〈霊的ヒーラー全国連盟〉(National Federation of Spiritual Healers)：「霊的ヒーリング」は必ずしも ET エネルギー・ヒーリングと同じものではないが、紹介サービスが求められる施術者団体である。
連絡先＝1137 Silent Harbor, P. O. Box 2022, Mount Pleasant, SC 29465；(803) 849-1529.
※ http://nfsh.org.uk/ (日本語版は http://page.freett.com/nfsh/)

◎本書で紹介したヒーラーの連絡先

[第 9 章] ライトキーパーズ遠隔透視／遠隔ヒーリングネットワーク (Lightkeepers Remote Viewing/Remote Healing Network)
2628A Colonel Glenn Highway, Suite 119, Fairborn, OH 45324
E-mail: GSTURGESS@aol.com
http://hometown.aol.com/deerl/LightkeepersDec 98/pagel.html
[第10章] ピーター・ファウスト (Peter Faust)
Healing Arts of Belmont (ベルモント治療院)

3．〈侵入者研究財団〉（Intruders Foundation＝IF）：体験者を扱う有名な催眠術師、バッド・ホプキンズにより設立されたIFは、クライアントを受け入れ、誘拐事件現象の調査研究を行っている。
連絡先＝P. O. Box 30233, New York, NY 10011
※ http://www.intrudersfoundation.org

＊4．〈コンタクト・フォーラム〉（Contact Forum）：興味深い会報を隔月刊で発行している。そこにはET体験者の手記、研究内容、情報の公開交換と全米の専門療法士・支援グループのリストなどが満載されている。
連絡先＝c/o Wild Flower Press, P. O. Box 190, Mill Spring, NC 28756
Web site: http://www.5thworld.com

＊5．〈相互UFOネットワーク〉（Mutual UFO Network＝MUFON）：1967年に設立されたこの非営利団体は、科学者や体験者も含めて5000人以上の会員数を誇る。支援グループ、公開教育プログラムの全国的ネットワークや月刊雑誌を提供し、またUFO目撃や誘拐事件の報告を詳しく調査する「現地調査員」を派遣している。
連絡先＝103 Oldtowne Road, Seguin, TX78155-4099；（830）379-9216.
Web site: http://mufon.com

6．〈目覚めプロジェクト〉（Project Awareness）：このグループは、UFO／ET遭遇者と、それに関連する体験に関して、一般に情報を広めるための集会を企画している。セミナーには被誘拐者や体験者のゲストだけでなく、UFO研究分野の著名な講演家が呼ばれることも多い。
連絡先＝P. O. Box 730, Gulf Breeze, FL 32562
E-mail: crumble@telapex.com
※関連サイト＝http://www.spiritweb.org/Spirit/gulf-breeze-conf-oct-94.html など。

7．〈UFO研究基金〉（Fund for UFO Research, Inc.）：1979年に設立。パンフレットには、「誘拐事件の科学的研究への継続的支援」を含む、「UFO現象のあらゆる側面に関する科学的研究への財政的支援を目的とした、最初のそして唯一の組織」とある。
連絡先＝P. O. Box 277, Mount Rainier, MD 20712
※ http://www.fufor.com/

8．〈宇宙的視野〉（Universal Vision＝UV）：『宇宙人の魂をもつ人々』（*From Elsewhere: Being ET in America*）の著者、スコット・マンデルカー博士により設立され、サンフランシスコに本拠を置く団体である。ETとのコンタクト、「自己の宇宙的正体」の探求に関心がある人たちに、カウンセリング、講義、研修会および会報を提供している。

ligence＝CSETI）
連絡先＝P. O. Box 4556 Larego, MD20775；（888）382-7384.
※ http://www.cseti.org（日本語版ホームページは http://www.nectar.com.au/~tateno/index.html）

4．〈モンロー研究所〉（The Monroe Institute＝TMI）
連絡先＝62 Roberts Mountain Road, Faber, VA 22938
E-mail: MonroeInst@aol.com
Web site: http://www.monroeinstitute.org/
※日本語版ホームページは http://www.monroeinstitute.org/jp

5．〈遠隔透視協会〉（The Farsight Institute）
連絡先＝P. O. Box 49243, Atlanta, GA 30359.
※ http://farsight.org/

6．〈超次元システム〉（TransDimensional Systems＝TDS）
連絡先＝P. O. Box 1883, Duluth, GA 30096；（770）814-9410.
E-mail: TDS@largeruniverse.com
Web site: http://www.largeruniverse.com

◎具体的支援を得るための、その他の専門団体

＊1．〈異常体験調査研究計画〉（Program for Extraordinary Experience Research＝PEER）：この非営利団体は、1993年にハーバード医学校のジョン・マック医学博士により設立され、科学的調査および解明されてない現象の報告研究を行っている。PEER はボストン地区で教育公開討論会を開き、興味深い会報を定期刊行しているほか、専門療法士の全国ネットワークへの紹介サービスも提供している。
連絡先＝P. O. Box 398080, Cambridge, MA 02139；（617）497-2667.
※ Web site: http://www.centerchange.org/peer/

2．〈接近遭遇に対する臨床専門療法士協会〉（The Academy of Clinical Close Encounter Therapists＝ACCET）。：この非営利団体は、「ET との遭遇体験者を理解し、専門的に扱う特殊な専門知識を開発している」健康専門家の協会である。臨床専門療法士の研修会を開き、会員名簿から百人以上の専門療法士のリストを提供している。
連絡先＝2826 O Street, Suite 3, Sacramento, CA 95816；（916）455-0120.
※ http://www.drboylan.com/

体験者のための参考資料

原注＝＊を付けたのは、私が最初のアプローチ先として勧める団体である。これらの団体は、進行中のプログラム、支援グループ、ET体験者を扱う専門療法士などを紹介しているからだ。

ただし、どの団体であれ個人であれ、関わる際には充分な注意が必要である。というのは、UFO／ETの研究団体は、その目的ごとに異なる、特殊な見方をもつ人々の集まりだからである。なかには、強い偏見をもつ研究者／催眠療法士とその支持者たちの団体もある。したがって、それがどのような団体であるか、どのようなカウンセリングが行われているか、関わる前の下調べを充分にしてほしい。もし、彼らが「あらゆるETは邪悪だ」と考えているような場合は、ET遭遇現象に対してもっとオープンで、恐怖心の強くない支援グループ・専門療法士たちを選んだほうがいいだろう。

インターネットでETとのコンタクト体験に関するHPなどを探索する場合にも、充分な注意が必要である。インターネットに載っている情報がすべて正確で、しっかり研究されているわけではない、ということを知っておこう。

また、「ヒーラー」を自称する人々は多いが、そのすべてが正直で、本物のヒーラーではないことを知っておいてほしい。サイキック能力者、霊媒、チャネラーその他のニューエイジ関連業者の予約を取る場合と同じように、詐欺師に自分を委ねてしまう可能性があるからだ。そのために使うお金、時間、そして危険に値するものかどうか、充分に吟味した上でヒーラーを選ぶことをお勧めする。

編集部注＝※印はたま出版編集部で調べたものです。団体名や個人名で検索すると、関連ホームページがたくさん表示されますので、読者の皆さんも調べてみてください。

◎18章で紹介した支援、教育、紹介サービスを行う団体

1．〈シルバ・マインド・コントロール・インターナショナル〉（Silva Mind Control International, Inc.）
連絡先＝P. O. Box 2249, Laredo, TX78044-2249;（512）722-6391.
※関連ホームページはSilva International Inc.（http://www.silvamethod.com/）などがあります。

2．〈超越瞑想〉（Transcendental Meditation＝TM）（http://www.wholeness.com）
※マハリシ総合研究所　http://www.maharishi.co.jp/tm/

3．〈地球外知的生命研究センター〉（The Center for the Study of Extraterrestrial Intel-

〈著者紹介〉

Virginia Aronson（バージニア・アーロンソン）

作家である夫、息子とともに南フロリダに暮らす。栄養バランスから健康な暮らしまでをテーマとした十数冊の著作がある。創造性と意識の変性状態とのつながりを探求している。
E-mail: VAcelestia@aol.com.us

〈監修者紹介〉

韮澤潤一郎（にらさわ じゅんいちろう）

1945年新潟県生まれ。法政大学文学部卒業。科学哲学において量子力学と意識の問題を研究する。現在、たま出版社長、他各社役員、UFO教育グループ主幹。

小学生時代にUFOを目撃して以来、40年にわたる内外フィールドワークを伴った研究をもとに雑誌やテレビで活躍中。'95年にはUFO党より参議院選挙に出馬。最近は、『たけしのTVタックル』などの番組に出演、超常現象肯定派の側に立って論陣を張る。UFO絶対肯定派。これまでに『ソ連東欧の超科学』『ノストラダムス大予言原典』『第三の選択』、「エドガー・ケイシー・シリーズ」「UFOシリーズ」などのベストセラーを手がけてきた。

E-mail: et@tamabook.com

〈訳者紹介〉

赤松良介（あかまつ りょうすけ）

1950年10月11日生まれ。岡山市在住の英語講師。

若い頃よりしばしばUFOを目撃し、ET現象に関心を抱く。今回本書に出会い、その重要性を感じて翻訳するに至る。

E-mail: ak-midia@mx31.tiki.ne.jp

ＥＴに癒された人たち

2002年７月25日　　初版第１刷発行

著　　者　バージニア・アーロンソン
監 修 者　韮澤潤一郎
訳　　者　赤 松 良 介
発 行 者　韮澤潤一郎
発 行 所　株式会社たま出版
〒160-0004　東京都新宿区四谷4-28-20
☎03-5369-3051（代表）
http://tamabook.com
振替　00130-5-94804
印 刷 所　東洋経済印刷株式会社

ISBN 4-8127-0155-4 C0011